宗白华

——

著

生如蚁 美如神

怎样平凡而有诗意地过一生

哈尔滨出版社
HARBIN PUBLISHING HOUSE

图书在版编目（CIP）数据

生如蚁，美如神：怎样平凡而有诗意地过一生 / 宗白华著.
-- 哈尔滨：哈尔滨出版社，2021.2
　ISBN 978-7-5484-5659-9

Ⅰ.①生… Ⅱ.①宗… Ⅲ.①美学－文集 Ⅳ.
①B83-53

中国版本图书馆CIP数据核字（2020）第210793号

书　　名：生如蚁，美如神：怎样平凡而有诗意地过一生
SHENG RU YI，MEI RU SHEN：ZENYANG PINGFAN ER YOU SHIYI DE GUO YISHENG

作　　者：宗白华　著
责任编辑：赵宏佳　尉晓敏
责任审校：李　战
封面设计：刘　霄

出版发行：哈尔滨出版社（Harbin Publishing House）
社　　址：哈尔滨市香坊区泰山路82-9号　　邮编：150090
经　　销：全国新华书店
印　　刷：天津行知印刷有限公司
网　　址：www.hrbcbs.com　　www.mifengniao.com
E-mail：hrbcbs@yeah.net
编辑版权热线：（0451）87900271　87900272
销售热线：（0451）87900202　87900203

开　　本：880mm×1230mm　　1/32　　印张：9.5　　字数：200千字
版　　次：2021年2月第1版
印　　次：2021年2月第1次印刷
书　　号：ISBN 978-7-5484-5659-9
定　　价：58.00元

凡购本社图书发现印装错误，请与本社印制部联系调换。
服务热线：（0451）87900278

目 录

CONTENTS

第一篇 *Chapter One*

品藻人生之美

歌德之人生启示 [1]

　　人生是什么？人生的真相如何？人生的意义何在？人生的目的是何？这些人生最重大、最中心的问题，不只是古来一切大宗教家、哲学家所殚精竭虑以求解答的。世界上第一流的大诗人凝神冥想，深入灵魂的幽邃，或纵身大化中，于一朵花中窥见天国，一滴露水参悟生命，然后用他们生花之笔，幻现层层世界，幕幕人生，归根也不外乎启示这生命的真相与意义。宗教家对这些问题的方法与态度是预言的、说教的。哲学家是解释的、说明的。诗人文豪是表现的、启示的。荷马的长歌启示了希腊艺术文明幻美的人生与理想，但丁的神曲启示了中古基督教文化心灵的生活与信仰。莎士比亚的剧本表现了文艺复兴时人们的生活矛盾与权力意志。至于近代的，建筑于这三种

---

① 1932 年 3 月为歌德百年忌日所写，原载天津《大公报》文学副刊第 220 至第 222 期，1932 年 3 月 21 日、28 日、4 月 4 日出版。——作者原注

文明精神之上而同时开展一个新时代。所谓近代人生，则由伟大的歌德，以他的人格、生活、作品表现出它的特殊意义与内在的问题。

歌德对人生的启示有几层意义，几个方面。就人类全体讲，他的人格与生活可谓极尽了人类的可能性。他同时是诗人、科学家、政治家、思想家，他也是近代泛神论信仰的一个伟大的代表。他表现了西方文明自强不息的精神，又同时具有东方乐天知命、宁静致远的智慧。德国哲学家齐美尔（Simmel）说："歌德的人生所以给我们以无穷兴奋与深沉的安慰的，他只是一个人，他只是极尽了人性，但却如此伟大，使我们对人类感到有希望，鼓动我们努力向前做一个人。"我们可以说歌德是世界一扇明窗，我们由他窥见了人生生命永恒幽邃、奇丽广大的天空！

再缩小范围，就欧洲文化的观点说，歌德确是代表文艺复兴以后近代人的心灵生活及其内在的问题。近代人失去了希腊文化中人与宇宙的谐和，又失去了基督教对一超越上帝虔诚的信仰。人类精神上获得了解放，得着了自由，但也就同时失所依傍，彷徨，摸索，苦闷，追求，欲在生活本身的努力中寻得人生的意义与价值。歌德是这时代精神伟大的代表，他的主著《浮士德》是这人生全部的反映与其问题的解决（现代哲学家斯宾格勒（Spengler）在他名著《西方文化之衰落》中，名近代文化为浮士德文化）。歌德与其替身浮士德一生生活的内容就是尽量体验这近代人生特殊的精神意义，了解其悲剧而努力以解决其问题，指出解救之道。所以有人称他的《浮士德》是近代人的《圣经》。

　　但歌德与但丁、莎士比亚不同的地方，就是他不单是由作品里启示我们人生真相，尤其在他自己的人格与生活中表现了人生广大精微的义谛。所以我们也就从两方面去接受歌德对于人类的贡献：（一）从他的人格与生活，了解人生之意义；（二）从他的文艺作品，欣赏人生真相之表现。

歌德人格与生活之意义

　　比学斯基（Bielschowsky）在《歌德传记导论》中分析歌德人格的特性，描述他生活的丰富与矛盾，最为详尽（见拙译《歌德论》）。但这个矛盾丰富的人格终是一个谜。所谓谜，就是这些矛盾中似乎潜伏着一个道理，由这个道理我们可以解释这个谜，而这个道理也就是构成这个谜的原因。我们获着这个道理解释了这谜，也就可说是懂了那谜的意义。歌德生活中之矛盾复杂最使人有无穷的兴趣去探索他人格与生活的意义，所以人们关于歌德生活的研究与描述异常丰富，超过世界任何文豪。近代德国哲学家努力于歌德人生意义的探索者尤多，如齐美尔（Simmel）、李凯尔特（Rickert）、龚多夫（Gundolf）、寇乃曼（Küehnemann）、可尔夫（Korff）等等，尤以可尔夫的研究颇多新解。我们现在根据他们的发挥，略参个人的意见，叙述于后。

　　我们先再认清这歌德之谜的真面目：第一个印象就是歌德生活全体的无穷丰富。第二个印象是他一生生活中一种奇异的谐和。第三个印象是许多不可思议的矛盾。这三种相反的印象却是互相依赖，但也使我们表面看来，没有一个整个的歌德而呈现无数歌德的图画。首先有少年歌德与老年歌德之分。

细看起来，可以说有一个莱布齐希大学学生的歌德，有一个少年维特的歌德，有一个魏玛朝廷的歌德，有一个意大利旅行中的歌德，与席勒交友时的歌德，艾克曼谈话中的哲人歌德。这就是说歌德的人生是永恒变迁的，他当时朋友都有此感，他与朋友、爱人间的种种误会与负心皆由于此。人类的生活本都是变迁的，但歌德每一次生活上的变迁就启示一次人生生活上重大的意义，而留下了伟大的成绩，为人生永久的象征。这是什么缘故？因歌德在他每一种生活的新倾向中，无论是文艺、政治、科学或恋爱，他都是以全副精神整个人格浸沉其中；每一种生活的过程里都是一个整个的歌德在内。维特时代的歌德完全是一个多情善感、热爱自然的青年，著《伊菲格尼》（Iphigenie）的歌德完全是个清明儒雅，徘徊于罗马古墟中希腊的人。他从人性之南极走到北极，从极端主观主义的少年维特走到极端客观主义的伊菲格尼，似乎完全两个人。然而每个人都是新鲜活泼原版的人。所以他的生平给予我们一种永久青春、永远矛盾的感觉。歌德的一生并非真是从迷途错误走到真理，乃是继续地经历全人生各式的形态。他在《浮士德》中说："我要在内在的自我中深深领略，领略全人类所赋予的一切。最崇高的、最深远的我都要了解。我要把全人类的苦乐堆积在我的胸心，我的小我，便扩大成为全人类的大我。我愿和全人类一样，最后归于消灭。"这样伟大勇敢的生命肯定，使他穿历人生的各阶段，而每阶段都成为人生深远的象征。他不只是经过少年诗人时期，中年政治家时期，老年思想家、科学家时期，就在文学上他也是从最初罗可可式的纤巧到少年维特的自然流露，再从意大利游后古典风格的写实到老年时浮士德

第二部象征的描写。

　　他少年时反抗一切传统道德势力的缚束，他的口号"情感是一切！"老年时尊重社会的秩序与礼法，重视克制的道德。他的口号"事业是一切！"在对人接物方面，少年歌德是开诚坦率、热情倾倒的诗人，在老年时则严肃令人难以亲近。在政治方面，少年的大作中"瞿支"（Goetz）临死时口中喊着"自由"，而老年歌德对法国大革命中的残暴深为厌恶，赞美拿破仑重给欧洲以秩序。在恋爱方面，因各时期之心灵需要，舍弃最知心、最有文化的十年女友石坦因夫人，而娶一个无知识、无教育、纯朴自然的扎花女子。歌德生活是努力不息，但又似乎毫无预计，听机缘与命运之驱使。所以有些人悼惜歌德荒废太多时间做许多不相干的事，像绘画，政治事务，研究科学，尤其是数十年不断的颜色学研究。但他知道这些"迷途""错道"是完成他伟大人性所必经的。人在"迷途中努力，终会寻着他的正道"。

　　歌德在生活中所经历的"迷途"与"正道"表现于一个最可令人注意的现象。这现象就是他生活中历次的"逃走"。他的逃走是他浸沉于一种生活方向将要失去了自己时，猛然地回头，突然地退却，再返于自己的中心。他从莱布齐希大学身心破产后逃回故乡，他历次逃开他的情人弗利德利克、绿蒂、丽莉等，他逃到魏玛，又逃脱魏玛政务的压迫走入意大利艺术之宫。他又从意大利逃回德国。他从文学逃入政治，从政治逃入科学。老年时且由西方文明逃往东方，借中国、印度、波斯的幻美热情以重振他的少年心。每一次逃走，他新生一次，他开辟了生活的新领域，他对人生有了新创造、新启示。他重新发现了自己，而他在"迷途"中的经历已丰富了、深化了自己。他说："各种生活皆可以过，只要不失去了自己。"歌德之所以敢于全心倾注于任何一种人生方面，尽量发挥，以至有伟大的成就，就是因为他自知不会完全失去了自己，他能在紧要关头逃走，退回他自己的中心。这是歌德一生生活的最大的秘密。但在这个秘密背后伏有更深的意义。我们再进一步研究之。

歌德在近代文化史上的意义可以说，他带给近代人生一个新的生命情绪。他在少年时已自觉是个新的人生宗教的预言者。他早期文艺的题目大都是关于人类的大教主，如普罗米修斯（Prometheus）、苏格拉底、基督与穆罕默德。

这新的人生情绪是什么呢？就是"生命本身价值的肯定"。基督教以为人类的灵魂必须赖救主的恩惠始能得救，获得意义与价值。近代启蒙运动的理知主义则以为人生须服从理性的规范，理智的指导，始能达到高明的、合理的生活。歌德少年时即反抗18世纪一切人为的规范与法律。他的《瞿支》是反抗一切传统政治的缚束；他的维特是反抗一切社会人为的礼法，而热烈崇拜生命的自然流露。一言蔽之，一切真实的、新鲜的、如火如荼的生命，未受理知文明矫揉造作的原版生活，对于他是世界上最可宝贵的东西。而这种天真活泼的生命他发见于许多绚漫而朴质如花的女性。他作品中所描写的绿蒂、玛甘泪、玛丽亚等，他自身所迷恋的弗利德利克、丽莉、绿蒂等，都灿烂如鲜花，而天真活泼，朴素温柔，如枝头的翠鸟。而他少年作品中这种新鲜活跃的描写，将妩媚生命的本体熠烁在读者眼前，真是在他以前的德国文学所未尝梦见的，而为世界文学中的粒粒晶珠。

　　这种崇拜真实生命的态度也表现于他对自然的顶礼。他1782年的《自然赞歌》可为代表。译其大意如下：

　　自然，我们被他包围，被他环抱，无法从他走出，也无法向他深入。他未得请求，又未加警告，就携带我们加入他跳舞的圈子，带着我们动，直待我们疲倦极了，从他臂中落下。他永远创造新的形体，去者不复返，来者永远新，一切都是新创，但一切也仍旧是老的。他的中间是永恒的生命，演进，活动。但他自己并未曾移走。他变化无穷，没有一刻的停止。他没有留恋的意思，停留是他的诅咒，生命是他最美的发明，死亡是他的手段，以多得生命。

　　歌德这时的生命情绪完全是浸沉于理性精神之下层的永恒活跃的生命本体。

　　但说到这里，在我们的心影上会涌现出另一个歌德来。而这歌德的特征是谐和的形式，是创造形式的意志。歌德生活中一切矛盾之最后的矛盾，就是他对流动不居的生命与圆满谐和的形式有同样强烈的情感。他在哲学上固然受斯宾诺莎泛神论的影响，但斯宾诺莎所给予他的仍是偏于生活上、道德上的受用，使他紊乱烦恼的心灵得以入于清明。以大宇宙中永恒谐和的秩序整理内心的秩序，化冲动的私欲为清明合理的意志。但歌德从自己的活跃生命所体验的能动的、创造的宇宙人生，则与斯宾诺莎倾向机械论与几何学的宇宙观迥然不同。所以歌德自己的生活与人格却是实现了德国大哲学家莱布尼茨（Leibniz）的宇宙论。宇宙是无数活跃的精神原子，每一个原子顺着内在的定律，向着前定的形式永恒不息的活动发展，以完成实现他内潜的可能性，而每一个精神原子是一个独立的小宇宙，在他里面像一面镜子反映着大宇宙生命的全体。歌德的生活与人格不是这样一个精神原子吗？

生命与形式，流动与定律，向外的扩张与向内的收缩，这是人生的两极，这是一切生活的原理。歌德曾名之宇宙生命的一呼一吸。而歌德自己的生活实在象征了这个原则。他的一生，他的矛盾，他的种种逃走，都可以用这个原理来了解。当他纵身于宇宙生命的大海时，他的小我扩张而为大我，他自己就是自然，就是世界，与万物为一体。他或者是柔软得像少年维特，一花一草一树一石都与他的心灵合而为一，森林里的飞禽走兽都是他的同胞兄弟。他或者刚强地察觉着自己就是大自然创造生命之一体，他可以和地神唱道：

生潮中，业浪里，淘上或淘下，浮来又浮去！生而死，死而葬，一个永恒的大洋，一个连续的波浪，一个有光辉的生长，我架起时辰的机杼，替神性制造生动的衣裳。（郭沫若译《浮士德》）

但这生活片面的扩张奔放是不能维持的，一个个体的小生命更是会紧张极度而超于毁灭的。所以浮士德见地神现形那样的庞大，觉得自己好像侏儒一般，他的狂妄完全消失：

我，自以为超过了火焰天使，已把自由的力量使自然甦生。满以为创造的生活可以俨然如神！啊，我现在是受了个怎样的处分！一声霹雳把我推堕了万丈深坑。

……

哦，我们努力自身，如同我们的烦闷，一样地阻碍着我们生长的前程。（郭沫若译《浮士德》）

生命片面的努力伸张反要使生命受阻碍，所以生命同时要求秩序，形式，定律，轨道。生命要谦虚，克制，收缩，遵循那支配有主持一切的定律，然后才能完成，才能使生命有形式，而形式在生命之中。

依着永恒的、正直的伟大的定律，完成着我们生命的圈。（《神性》诗中句）

一个有限的圈子范围着我们的人生，世世代代排列在无尽的生命底链上。（《人类之界限》诗中句）

生命是要发扬，前进，但也要收缩，循轨。一部生命的历史就是生活形式的创造与破坏。生命在永恒的变化之中，形式也在永恒的变化之中。所以一切无常，一切无住，我们的心，我们的情，也息息生灭，逝同流水。向之所欣，俯仰之间，已成陈迹。这是人生真正的悲剧，这悲剧的源泉就是这追求不已的自心。人生在各方面都要求着永久，但我们的自心的变迁使没有一景一物可以得暂时的停留，人生飘堕在滚滚流转的生命海中，大力推移，欲罢不能，欲留不许。这是一个何等的重负，何等的悲哀烦恼。所以浮士德情愿拿他的灵魂的毁灭与魔鬼打赌，他只希望能有一个瞬间的真正的满足，使他可以对那瞬间说："请你暂停，你是何等的美呀！"

由这话看来，一切无常的主因是在我们自心的无常，心的无休止的前进追求，不肯暂停留恋。人生的悲剧正是在我们恒变的心情中，歌德是人类的代表，他感到这人生的悲剧特别深刻，他的一生真是息息不停地追求前进，变向无穷。这心的变迁使他最感到苦痛负疚的就是他恋爱心情的变迁，他一生最热烈的恋爱都不能久住，他对每一个恋人都是负心，这种负心的忏悔自诉是他许多最大作品的动机与内容。剧本《瞿支》中，魏斯林根背弃玛利亚；剧本《浮士德》中，浮士德遗弃垂死的玛甘泪于狱中，是歌德最明显、最沉痛的自诉。但他的生活情绪不停留的前进使他不能不负心，使他不能安于一范围，狭于一境界，而不向前开辟生活的新领域。所以歌德无往而不负心，他弃掉法律投入文学，弃掉文学投入政治，又逃脱政治走入艺术、科学，他若不负心，他不能尝遍全人生的各境地，完成一个最人性的人格。他说：

"你想走向无尽么？你要在有限里面往各方面走！"

然而这个负心现象，这个生活矛盾，终是他生活里内在的悲剧与问题，使他不能不努力求解决的。这矛盾的调解，心灵负疚的解脱，是歌德一生生活之意义与努力。再总结一句，歌德的人生问题，就是如何从生活的无尽流动中获得谐和的形式，但又不要让僵固的形式阻碍生命前进的发展。这个一切生命现象中内在的矛盾，在歌德的生活里表现得最为深刻。他的一切大作品也就是这个经历的供状。我们现在再从歌德的文艺创作中去寻歌德的人生启示与这问题最后的解答。

歌德文艺作品中所表现的人生与人生问题

我们说过，歌德启示给我们的人生是扩张与收缩，流动与形式，变化与定律；是情感的奔放与秩序的严整，是纵身大化中与宇宙同流，但也是反抗一切的阻碍压迫以自成一个独立的人格形式。他能忘怀自己，倾心于自然，于事业，于恋爱，但他又能主张自己，贯彻自己，逃开一切的包围。歌德心中这两个方向表现于他生平一切的作品中。

他的剧本《瞿支》《塔索》，他的小说《少年维特之烦恼》，是表现生命的奔放与倾注，破坏一切传统的秩序与形式。他的《伊菲格尼》与叙事诗《赫尔曼与多罗蒂》等，则内容、外形都表现最高的谐和节制，以圆融高朗的优美的形式调解心灵的纠纷冲突。在抒情诗中他的《卜罗米陀斯》是主张人类由他自己的力量创造他的生活的领域，不需要神的援助，否认神的支配，是近代人生思想中最伟大的一首革命诗。但他在《人类之界限》及《神性》等诗中，则又承认宇宙间含有创造一切的定律与形式，人生当在永恒的定律与前进的形式中完成他自己；但人生不息的前进追求，所获得的形式终不能满足，生活的苦闷由此而生。这个与歌德生活中心相终始的问题则表现于他毕生的大作《浮士德》中。《浮士德》是歌德全部生活意义的反映，歌德生命中最深的问题于此表现，也于此解决。我们特别提出研究之。

浮士德是歌德人生情绪最纯粹的代表。《浮士德》戏剧最初本，所谓"原始浮士德"的基本意念是什么？在他下面的两句诗：

我有敢于入世的胆量，下界的苦乐我要一概担当。

浮士德人格的中心是无尽的生活欲与无尽的知识欲。他欲呼召生命的本体，所以先用符咒呼召宇宙与行为的神。神出现后，被神呵斥其狂妄，他认识了个体生命在宇宙大生命面前的渺小，于是乃欲投身生命的海洋中体验人生的一切。他肯定这生命的本身，不管他是苦是乐，超越一切利害的计较，是有生活的价值的，是应当在他的中间努力寻得意义的。这是歌德的悲壮的人生观，也是他《浮士德》诗中的中心思想。浮士德因知识追求的无结果，投身于现实生活，而生活的顶点，表现于恋爱，但这恋爱生活成了悲剧。生活的前进不停，使恋爱离弃了浮士德，而浮士德离弃了玛甘泪，生活成了罪恶与苦痛。《浮士德》的剧本从原始本经过1790年的残篇以至第一部完成，他的内容是肯定人生为最高的价值、最高的欲望，但同时也是最大的问题。初期的《浮士德》剧本之结局，窥歌德之意是倾向纯悲剧的。人生是将由他内在的矛盾，即欲望的无尽与能力的有限，自趋于毁灭，浮士德也将由生活的罪过趋于灭亡，生活并不是理想而为诅咒。但歌德自己生活的发展使问题大变，他在意大利获得了生命的新途径，而剧本中的浮士德也将得救。在1797年的《浮士德》中的天上序曲里，魔鬼梅菲斯特诅咒人生真如歌德自己原始的意思，但现在则上帝反对梅菲斯特的话，他指出那生活中问题最多、最严重的浮士德将终于得救。这个歌德人生思想的大变化最值得注意，是我们了解浮士德与歌德自己的生活最重要的钥匙。

我们知道"原始浮士德"的生活悲剧，他的苦痛，他的罪过，就是他自己心的恒变，使他对一切不能满足，对一切都负心。人生是个不能息肩的重负，是个不能驻足的前奔。这个可诅咒的人生在歌德生活的进展中忽然得着价值的重新估定。人生最可诅咒的永恒流变一跃而为人生最高贵的意义与价值。人生之得以解救，浮士德之得以升天，正赖这永恒的努力与追求。浮士德将死前说出他生活的意义是永远的前进：

在前进中他获得苦痛与幸福，他这没有一瞬间能满足的。

而拥着他升天的天使们也唱道：

唯有不断的努力者我们可以解脱之！

原本是人生的诅咒，那不停息的追求，现在却变成了人生最高贵的印记。人生的矛盾苦痛罪过在其中，人生之得救也由于此。

我们看浮士德和魔鬼梅菲斯特订契约的时候，他是何等骄傲于他的苦闷与他的不满足。他说他愿毁灭自己，假使人生能使他有一瞬间的满足而愿意暂停留恋。梅菲斯特起初拿浅薄的人世享乐来诱惑他，徒然使他冷笑。

以前他愿意毁灭，因为人生无价值；现在他宁愿毁灭，假使人生能有价值。这是很大的一个差别，前者是消极的悲观，后者是积极的悲壮主义。前者是在心理方面认识，一切美境之必然消逝；后者是在伦理方面肯定，这不停息的追求正是人生之意义与价值。将心理的必然变迁改造成意义丰富的人生进化，将每一段的变化经历包含于后一段的演进里，生活愈益丰富深厚，愈益广大高超，像歌德从科学、艺术、政治、文学以及各种人生经历以完成他最后博大的人格。歌德的象征浮士德也是如此，他经过知识追求的幻灭走进恋爱的罪过，又从真美的憧憬走回实际的事业。每一次的经历并不是消磨于无形，乃是人格演进完成必要的阶石：

你想走向无尽吗？你要在有限里面往各方面走！

有限里就含着无尽，每一段生活里潜伏着生命的整个与永久。每一刹那都须消逝，每一刹那即是无尽，即是永久。我们懂了这个意思，我们任何一种生活都可以过，因为我们可以由自己给予它深沉永久的意义。《浮士德》全书最后的智慧即是：

一切生灭者
皆是一象征。

在这些如梦如幻、流变无常的象征背后潜伏着生命与宇宙永久深沉的意义。

现在我们更可以了解人生中的形式问题。形式是生活在流动进展中每一阶段的综合组织，他包含过去的一切，成一音乐的和谐。生活愈丰富，形式也愈重要。形式不但不阻碍生活、限制生活，乃是组织生活、集合生活的力量。老年的歌德因他生活内容过分的丰富，所以格外要求形式，定律，克制，宁静，以免生活的分崩而求谐和的保持。这谐和的人格是中年以后的歌德所兢兢努力唯恐或失的。他的诗句：

人类孩儿最高的幸福

就是他的人格！

流动的生活演进而为人格，还有一层意义，就是人生的清明与自觉的进展。人在世界经历中认识了世界，也认识了自己，世界与人生渐趋于最高的和谐；世界给予人生以丰富的内容，人生给予世界以深沉的意义。这不是人生问题可能的最高的解决吗？这不是文艺复兴以来，人类失了上帝，失了宇宙，从自己的生活的努力所能寻到的人生意义吗？

浮士德最初欲在书本中求智慧，终于在人生的航行中获得清明。他人生问题的解决我们可以说：

人当完成人格的形式而不失去生命的流动！生命是无尽的，形式也是无尽的，我们当从更丰富的生命去实现更高一层的生活形式。

这样的生活不是人生所能达到的最高的境地吗？我们还能说人生无意义无目的吗？歌德说：

人生，无论怎样，他是好的！

歌德的人生启示固然以《浮士德》为中心，但他的其他创作都是这种生活之无限肯定的表现。尤其是他的抒情诗，完全证实了我们前面所说的歌德生活的特点：

他一切诗歌的源泉，就是他那鲜艳活泼、如火如荼的生命本体。而他诗歌的效用与目的却是他那流动追求的生命中所产生的矛盾苦痛之解脱。他的诗，一方面是他生命的表白，自然的流露，灵魂的呼喊，苦闷的象征。他像鸟儿在叫，泉水在流。他说："不是我作诗，是诗在我心中歌唱。"所以他诗句的节律里跳动着他自己的脉搏，活跃如波澜。他在生活憧憬中陷入苦闷纠缠，不能自拔时，他要求上帝给他一支歌，唱出他心灵的沉痛，在歌唱时他心里的冲突的情调、矛盾的意欲，都醇化而升入节奏、形式，组合成音乐的谐和。混乱混沌的太空化为秩序井然的宇宙，迷途苦恼的人生获得清明的自觉。因为诗能将他纷扰的生活与刺激他生活的世界，描绘成一幅境界清朗、意义深沉的图画（《浮士德》就是这样一幅人生图画）。这图画纠正了他生活的错误，解脱了他心灵的迷茫，他重新得到宁静与清明。但若没有热烈的人生，何取乎这高明的形式。所以我们还是从动的方面去了解他诗的特色。歌德以外的诗人的写诗，大概是这样：一个景物，一个境界，一种人事的经历，触动了诗人的心。诗人用文字、音调、节奏、形式，写出这景物在心情里所引起的澜漪。他们很能描绘出历历如画的境界，也能表现极其强烈动人的情感。但他们一面写景，一面叙情，往往情景成了对称。且依人类心理的倾向，喜欢写景如画，这就是将意境景物描摹得线条清楚，轮廓宛然，恍如目睹的对象。人类之诉说内心，也喜欢缕缕细述，说出心情的动机原委。虽莎士比亚、但丁的抒情诗，尽管他们描绘的能力与情感的白热，有时超过歌德，但他们仍未能完全脱离这种态度。歌德在人类抒情诗上的特点，就是根本打破心与境的对待，取消歌咏者与被歌咏者中间的隔离。他不去描绘一个景，而景物历落飘摇，浮沉隐显在他的词句中间。他不愿直说他的情，而他的情意缠绵，婉转流露于音韵节奏的起落里面。他激昂时，文字、境界、节律、音调无不激越兴起；他低徊留恋时，他的歌词如泣如诉，如怨如慕，令人一往情深，不能自已，忘怀于诗人与读者之分。王国维先生说诗有隔与不隔的差别，歌德的抒情诗真可谓最为不隔的。他的诗中的情绪与景物完全融合无间，他的情与景又同词句音节完全融合无间，所以他的诗也可以同我们读者的心情完全融合无间，极尽浑然不隔的能事。然而这个心灵与世界浑然合一的情绪是流动的、缥缈的、绚漫的、音乐的，因世界是动，人心也是动，诗是这动与动接触会合时的交响曲。所以歌德诗人的任务首先是努力改造社会传统的、用旧了的文字词句，以求能表现出这新的动的人生与世界。原来我们人类的名词、概念、文字，是我们把捉这流动世界万事万象的心之构造物，但流动不居者难以捉摸，我们人类的思想语言天然地倾向于静止的形态与轮廓的描绘，历时愈久，文字愈抽象，并这描绘轮廓的能力也将失去，遑论做心与景合一的直接表现。歌德是文艺复兴以来近代的流动追求的人生最伟大的代表（所谓浮士德精神）。他的生命、他的世界是激越的动，所以他格外感到传统文字不足以写这纯动的世界。于是他这位世界最伟大的语言创造的天才，在德国文字中创造了不可计数的新字眼、新句法，以写出他这新的动的人生情绪。歌德不仅是德国文学上最大诗人，而且是马丁·路德以后创新德国文字最重大的人物。现代继起努力创新与美化德国文字的大诗人是斯特凡·格奥尔格（Stefan George），他变化无数的名词为动词，又化此动词为形容词，以形容这流动不居的世界。例如"塔堆的巨人"（形容大树），"塔层的远""影阴

着的湾""成熟中的果"等等，不胜枚举，且不能译。他又融
情入景，化景为情，融合不同的感官铸成新字以写难状之景，
难摹之情。因为他是以一整个的心灵体验这整个的世界（新字
如"领袖的步""云路""星眼""梦的幸福""花梦"等等
也是不能有确切的中译，虽然诗意发达极高的中国文辞颇富于
这类字眼）。所以他的每一首小诗都荡漾在一种浩灏流动的气
氛中，像宋元画中的山水。不过西方的心灵更倾向于活动而
已。我们举他一首《湖上》诗为例。歌德的诗是不能译的，但
又不能不勉强译出，力求忠于原诗，供未能读原文者参考。

湖上①

并且新鲜的粮食，新鲜的血
我吸取自自由的世界：
自然，何等温柔，何等的好，
将我拥在怀抱。
波澜摇荡着小船
在击桨声中上前，
山峰，高插云霄，
迎着我们的水道。

眼睛，我的眼睛，你为何沉下了？
金黄色的梦，你又来了？

---

① 1775 年瑞士湖上作，时方逃出丽莉（Lili）姑娘的情网。

去罢，你这梦，虽然是黄金，
此地也有生命与爱情。

在波上辉映着
千万飘浮的星，
柔软的雾吸饮着
四围塔层的远。
晓风翼覆了
影阴着的湾，
湖中影映着
成熟中的果。

　　开头一句"并且新鲜的粮食，新鲜的血，我吸取自自由的世界……"就突然地拖着我们走进一个碧草绿茵、柔波如语的瑞士湖上。开头一字用"并且"（德文Und即英文And）将我们读者一下子就放在一个整个的自然与人生的全景中间。"自然何等温柔，何等的好，将我拥在怀抱。"写大自然生命的柔静而自由，反观人在社会生活中受种种人事的缚束与苦闷，歌德自己在丽莉小姐家庭中礼仪的拘束与恋爱的包围，但"自然"是人类原来的故乡，我们离开了自然，关闭在城市文明中烦闷的人生，常常怀着"乡愁"，想逃回自然慈母的怀抱，恢复心灵的自由。"波澜摇荡着小船，在击桨声中上前……"两句进一步写我们的状况。动荡的湖光中动荡的波澜，摇动着我们的小船，使我们身内身外的一切都成动象，而击桨的声音给予这流动以谐和的节奏。"上前"遥指那"山峰，高插云霄，迎着我们的水道……"自然景物的柔媚，勾引心头温馨旖旎的回忆。眼睛低低沉下，金黄色的情梦又浮在眼帘。但过去的情景，转眼成空，不堪回首，且享受新获着的自由吧！自然的丽景展布在我们的面前："在波上辉映着千万飘浮的星……"短短的几句写尽了归舟近岸时的烟树风光。全篇混漾着波澜的闪耀，烟景的缥缈，心情的旖旎，自然与人生谐和的节奏。但歌德的生活仍是以动为主体，个体生命的动热烈地要求着与自然造物主的动相接触，相融合。这种向上追求的激动及与宇宙创造力相拥抱的情绪表现在《格丽曼》（Ganymed）诗中（希腊神话中，格丽曼为一绝美的少年王子。天父爱惜之，遣神鹰攫去天空，送至阿林比亚神人之居）。

格丽曼

你在晓光灿烂中，
怎么这样向我闪烁，
亲爱的春天！
你永恒的温暖中，
神圣的情绪，
以一千倍的热爱
压向我的心，
你这无尽的美！

我想用我的臂，
拥抱着你！

啊，我睡在你的胸脯，
我焦渴欲燃，
你的花，你的草，
压在我的心前。

亲爱的晓风，
吹凉我胸中的热，
夜莺从雾谷里，
向我呼唤！
我来了，我来了，
到哪里？到哪里？

向上，向上去，
云彩飘流下来，
飘流下来，
俯向我热烈相思的爱！

向我，向我，
我在你的怀中上升！
拥抱着被拥抱着！
升上你的胸脯！
爱护一切的天父！

这首诗充分表现了歌德热情主义、唯动主义的泛神思想。但因动感的激越，放弃了谐和的形式而流露为生命表现的自由诗句，为近代自由诗句的先驱。然而这狂热活动的人生，虽然灿烂，虽然壮阔，但激动久了，则和平宁静的要求油然而生。这个在生活中倥偬不停的"游行者"也曾急迫地渴求着休息与和平：

游行者之夜歌二首

（一）
你这从天上来的
宁息一切烦恼与苦痛的；
给予这双倍的受难者
以双倍的新鲜的，
啊，我已倦于人事之倥偬！
一切的苦乐皆何为？
甜蜜的和平！
来，啊，来到我的胸里！

（二）
一切山峰上
是寂静，
一切树杪中
感不到
些微的风；
森林中众鸟无音。
等着罢，你不久
也将得着安宁。

歌德是个诗人，他的诗是给予他自己心灵的烦扰以和平、以宁静的。但他这位近代人生与宇宙动象的代表，虽在极端的静中仍潜示着何等的鸢飞鱼跃！大自然的山川在屹然峙立里周流着不舍昼夜的消息。

海上的寂静

深沉的寂静停在水上。
大海微波不兴。
船夫瞅着眼，
愁视着四面的平镜。
空气里没有微风！
可怕的死的寂静！
在无边寥廓里，
不摇一个波影。

这是歌德所写意境最静寂的一首诗，但在这天空海阔、晴波无际的境界里绝不真是死，不是真寂灭。他是大自然创造生命里"一刹那倾静的假象"。一切宇宙万象里有秩序，有轨道，所以也启示着我们静的假象。

歌德生平最好的诗，都含蕴着这大宇宙潜在的音乐。宇宙的气息，宇宙的神韵，往往包含在他一首小小的诗里。但他也有几首人生的悲歌，如《威廉传》中《弦琴师》与《迷娘》（Mignon）的歌曲，也深深启示着人生的沉痛，永久相思的哀感：

弦琴师（歌曲）

谁居寂寞中？

嗟彼将孤独。

生人皆欢笑，

留彼独自苦。

嗟乎，请君让我独自苦！

我果能孤独，

我将非无侣。

情人偷来听，

所欢是否孤无侣？

日夜偷来寻我者，

只是我之忧，

只是我之苦。

一旦我在坟墓中，

彼始让我真无侣！

迷娘（歌曲）

谁人识相思？

乃解侬心苦，

寂寞而无欢，

望彼天一方，
爱我知我人。
呜呼在远方，
我头昏欲眩，
五脏焦欲燃，
谁解相思苦，
乃识侬心煎。

歌德的诗歌真如长虹在天，表现了人生沉痛而美丽的永久生命，他们也要求着永久的生存：

你知道，诗人的词句
飘摇在天堂的门前
轻轻地叩着
请求永久的生存。

而歌德自己一生的猛勇精进，周历人生的全景，实现人生最高的形式，也自知他"生活的遗迹不致消磨于无形"。而他永恒前进的灵魂将走进天堂最高的境域，他想象他死后将对天门的守者说：

请你不必多言，
尽管让我进去！
因为我做了一个人
这就说曾是一个战士！

青年烦闷的解救法

　　现在中国有许多的青年，实处于一种很可注意的状态，就是对于旧学术、旧思想、旧信条都已失去了信仰，而新学术、新思想、新信条还没有获着，心界中突然产生了一种空虚，思想情绪没有着落，行为举措没有标准，搔首踯躅，不知怎么才好，这就是普通所谓"青年的烦闷"。

　　这种青年烦闷的状态，以及由此状态产生的现象，如一方面对于一切怀疑，力求破坏；另一方面，又对于一切武断，急求建设。思想没有定着，感情易于摇动，以及自杀逃走等等的事实，这本是向来"黎明运动"所常附带的现象，将来自然会趋于稳健创建的一途，为中国文化开一新纪元，就着过去历史上看来，本是很可喜的现象。但是，我们自己既遇着这种时期，陷入这种状态，就不得不自谋解救的方法，以求早入稳健创造的境地。

　　这解救的方法，本也不少，譬如建立新人生观、新信条等类，但这都还嫌纡远了一点，须有科学哲学的精神研究，不是一时可以普遍的。我们现在须要筹出几种"具体的方法"，将这方法传播给烦闷的青年，待他们自己应用这种方法去解救他们的苦闷。我现在本着我一时的观察，想了几条方法，写出来引动大众的讨论，希望还得着更周密完备的计划，以解决这青年烦闷的问题，则中国解放运动的前途，可以免了许多的危险和牺牲了。

唯美的眼光

唯美的眼光，就是我们把世界上、社会上各种现象，无论美的、丑的、可恶的、龌龊的、伟丽的自然生活，以及鄙俗的社会生活，都把他当作一种艺术品看待——艺术品中本有表写丑恶的现象的——因为我们观览一个艺术品的时候，小己的哀乐烦闷都已停止了，心中就得着一种安慰，一种宁静，一种精神界的愉乐。我们若把社会上可恶的事件当作一个艺术品观，我们的厌恶心就淡了，我们对于一种烦闷的事件作艺术的观察，我们的烦闷也就消了。所以，古时悲观的哲学家，就把人世，看作一半是"悲剧"，一半是"滑稽剧"，这虽是他悲观的人生观，但也正是他的艺术的眼光，为他自己解嘲。但我们却不必做这种消极的、悲观的人生观。我们要持纯粹的唯美主义，在一切丑的现象中看出他的美来，在一切无秩序的现象中看出他的秩序来，以减少我们厌恶烦恼的心思，排遣我们烦闷无聊的生活。

这还是消极的一方面说。积极的方面，也还有许多的好处：

（A）我们常时作艺术的观察，又常同艺术接近，我们就会渐渐地得着一种超小己的艺术人生观。这种艺术人生观就是把"人生生活"当作一种"艺术"看待，使它优美、丰富、有条理、有意义。总之，就是把我们的一生生活，当作一个艺术品似的创造。这种"艺术式的人生"，也同一个艺术品一样，是个很有价值、有意义的人生。有人说，诗人歌德（Goethe）的人生，比他的诗还有价值，就是因为他的人生同一个高等艺术品一样，是很优美、很丰富、有意义、有价值的。

（B）我们持了唯美主义的人生观，消极方面可以减少小己的烦闷和痛苦，而积极的方面，又可以替社会提倡艺术的教育和艺术的创造。艺术教育，可以高尚社会人民的人格。艺术品是人类高等精神文化的表示，这两种的贡献，也就不算小的了。

总之，唯美主义，或艺术的人生观，可算得青年烦闷解救法之一种。

研究的态度

怎样叫作研究的态度？当我们遇着一个困难或烦闷的事情的时候，我们不要就计较他对于切己的利害，以致引起感情的刺激，神经的昏乱，而平心静气，用研究的眼光，分析这事的原委、因果和真相，知这事有它的远因、近因，才会产生这不得不然的结果，我们对于这切己重大的事，就会同科学家对于一个自然对象一样，只有支配处置的手续，没有烦闷喜怒的感情了。

譬如现在的青年，对于社会上窳败的制度，政治上不良的现象，都用这种研究眼光去考察，不作一时的感情冲动，知道现在社会的黑暗罪恶是千百年来积渐而成，我们对它只当细筹改造的方法，不当抱盲目的悲观，或过激的愿望，那时，青年因政治社会而生的烦闷，一定可以减去不少。因这客观研究事实是不含痛苦的，是排遣烦闷的，而同时于事实上有极大的利益。

所以，研究的眼光和客观的观察，也是青年烦闷解救法的一种。

积极的工作

我们人生的生活，本来就是"工作"。无工作的人生，是极无聊赖的人生，是极烦闷的人生。有许多青年的烦闷，就是为着没有正当适宜的工作而产生的。试看那些资本家的子弟，终日游荡，没有一个一定的工作，虽是生活无虑，总是烦闷得很，无聊得很，终日汲汲地寻找消遣排闷的方法。所以，我以为，正当的积极的"工作"，是青年解救烦闷与痛苦的最好方法。青年最危险的时候，就是完全没有工作的时候。这时候，最容易发生幻想，烦闷，悲观，无聊。

至于工作，有精神的、肉体的。这两种中任择一种，就可以解除青年的烦闷。但是，做精神工作的，不可不当附带做点肉体的工作，以维持他的健康。

以上是我一时的感想，粗略得很。不过想借此引起诸君对于这黎明运动时代青年最易发生烦闷的问题，稍稍注意，商量个周密的解救办法。

新人生观问题的我见

　　我看见现在社会上的一般的平民，几乎纯粹是过的一种机械的、物质的、肉的生活，还不曾感觉到精神生活、理想生活、超现实生活……的需要。推其原因，大概是生活环境太困难、物质压迫太繁重的缘故。但是，长此以往，于中国文化运动上大有阻碍。因为一般平民既觉不到精神生活、理想生活的需要，那么，一切精神文化，如艺术、学术、文学都不能由切实的平民的"需要"上发生伟大的发展了。所以，我们现在的责任，是要替中国一般平民养成一种精神生活、理想生活的"需要"，使他们在现实生活以外，还希求一种超现实的生活，在物质生活以上还希求一种精神生活。然后我们的文化运动才可以在这个平民的"需要"的基础上建立一个强有力的前途。

　　我们怎样替他们造出这种需要呢？

　　我以为，我们第一步的手续就是替他们造一个新的正确的人生观。中国平民旧式的人生观——其实，一般人大半还没有人生观可言，因为中国向来盛行的孔孟老庄哲学，发生两种倾向：

（一）现实人生主义：这是大半由孔孟哲学不谈天道，不管形而上问题——超现实思想——的结果。他的流弊，使一般平民专倾向现实人生问题，不知道注意自然，发挥高尚深处，超现实人生，研究自然神秘的观念。他的流弊至极，就到了现在这种纯粹物质生活、肉的生活，没有精神生活的境地。

（二）悲观命定主义：这是大半由老庄哲学深入中国人心，认定凡事都有定数，人工不能为力，所以放任自然，不加动作。没有创造的意志，没有积极的精神，没有主动的决心。高尚的，趋于达观历世。低等的，流于纵欲享乐。

这两种人生观的流弊，在现在中国社会中发扬尽致了。我们随处可以考察，用不着我细说。不过那班实行这种人生观的人，自己并不承认，因为他们思想界中并没有"人生观"三个字的观念。

我们的新"人生观"从何处创造呢？我以为有两个途径：（一）科学的；（二）艺术的。先说：

（一）科学的人生观。

我们知道这"人生观"问题的内容，是含着以下的两个问题！

（A）人生究竟是什么？就是问人生生活的"内容"与"作用"，究竟是什么东西。

（B）人生究竟要怎样？就是问我们对于人生要取的什么态度，运用什么方法。

这两个问题，我想，我们都可以先从科学上去解答他。因为"生活"这个现象，已经成了科学的对象。科学中的生物学就是研究"生活原则"的学问。分而言之，生理学是研究"物质生活"的内容与作用，心理学是研究"精神生活"的内容与作用，生活现象的全体已经成了科学研究的对象了。我们不从这个实验的科学的道路上去解决人生生活内容的问题，难道还去学那些旧式的哲学家，从几个抽象的观念名词上，起空中楼阁吗？

我们从科学的内容中知道了生活现象的原则，再从这原则中决定生活的标准。譬如，我们知道，生活中有"互助"的现象，与"战争"的现象。我们抉择哪一种原则是适合于天演，我们就尽量去扩充发挥，以求我们生活的进化。我们又知"精神生活"是生活中较为高级的进化现象，我们就应当竭力地发扬他、增进他，以求我们生活的高尚。我们又知道生活的作用是创造的、变动的，不是固定的、消极的，我们就当本着这个原则去活动创造。这是从科学——生物学——的"内容"中，知道我们"生活原则"的内容，再根据这种原则，决定我们生活的态度。

其实，不单是科学的内容与我们人生观上有莫大的关系，就是科学的方法，很可以做"我们人生的方法"（生活的方法）。

科学的方法是"试验的""主动的""创造的""有组织的""理想与事实联络的"。这种科学家探求真理的方法与态度，若运用到人生生活上来，就成了一种有条理的、有意义的、活动的人生。

所以，我们可以从科学的内容与方法上，得一个正确的人生观，知道人生生活的内容与人生行为的标准。但是，科学是研究客观对象的。他的方法是客观的方法。他把人生生活当作一个客观的事物来观察，如同研究无机现象一样。这种方法，在人生观上还不完全，因为我们研究人生观者自己就是"人生"，就是"生活"。我们除了客观的方法以外，还可以用主观自觉的方法来领悟人生生活的内容和作用。

我们自己天天在生活中。这生活究竟是什么，我们当然可以用内省或反照的方法来观察和领悟。不过，我们的意识界，时常被外界物质及肉体生活的关系占据充满了，不大能发生纯粹无杂的自觉。所以要从自觉上了解生活内容、人生意义，也是不容易的。但我想我们还可以用一种比例对照的方法来推测人生内容是什么，人生标准当怎样。这种方法，就是：（二）艺术的人生观。

什么叫艺术的人生观？艺术人生观就是从艺术的观察上推察人生生活是什么，人生行为当怎样。

我们知道，艺术创造的过程，是拿一件物质的对象，使他理想化、美化。我们生命创造的过程，也仿佛是由一种有机的、构造的、生命的原动力，贯彻到物质中间，使他进成一个有系统的、有组织的、合理想的生物。我们生命创造的现象与艺术创造的现象，颇有相似的地方。我们要明白生命创造的过程，可以先去研究艺术创造的过程。艺术家的心中有一种黑暗的、不可思议的艺术冲动，将这些艺术冲动凭借物质表现出来，就成了一个优美完备的、合理想的艺术品。生命的现象也仿佛如此。生命的表现也是物质的形体化、理想化。生命的现象，好像一个艺术品的成功。不过，艺术品大半是固定的、静止的，生命是活动的、前进的。结果不同，而创造的过程则有些相似。

但这种由艺术创造的过程上推想生命创造的过程，终不过是个推想罢了，没有科学的严格的根据。他是一种主观的——艺术家自觉的——想象。不过我们个人自己，不妨抱有这门一种艺术的人生观，从这上面建立一种艺术的人生态度。

什么叫艺术的人生态度？这就是积极地把我们人生的生活，当作一个高尚优美的艺术品似的创造，使它理想化、美化。

艺术创造的手续，是悬一个具体的、优美的理想，然后把物质的材料照着这个理想创造去。我们的生活，也要悬一个具体的、优美的理想，然后把物质材料照着这个理想创造去。艺术创造的作用，是使它的对象协和，整饬，优美，一致。我们一生的生活，也要能有艺术品那样的协和，整饬，优美，一致。总之，艺术创造的目的是一个优美高尚的艺术品，我们人生的目的是一个优美高尚的艺术品似的人生。这是我个人所理想的艺术的人生观。

我久已抱了一个野心，想积极地去研究这个"科学人生观与艺术人生观"的问题。但是，因自己的科学与艺术的基础知识太缺乏，至今还没有着手。今天这个短论所写的，乃是我自己所悬拟的着手研究的方向。我很希望国内有许多青年和我同抱这个野心，所以写了出来，以供参考。但是，我所说的实在太简略了，很是抱歉，以后稍有研究时，预备再详细地说一下。

艺术生活

——艺术生活与同情

你想了解"光"么？
你可曾同那疏林透射的斜阳共舞？
你可曾同那黄昏初现的冷月齐颤？
你可曾同那蓝天闪闪的星光合奏？

你想了解"春"么？
你的心琴可有那蝴蝶翅的翩翩情致？
你的歌曲可有那黄莺儿的千啭不穷？
你的呼吸可有那玫瑰粉的一缕温馨？

诸君！艺术的生活就是同情的生活呀！无限的同情对于自然，无限的同情对于人生，无限的同情对于星天云月、鸟语泉鸣，无限的同情对于死生离合，喜笑悲啼。这就是艺术感觉的发生，这也是艺术创造的目的！

诸君！我们这个世界，本是一个物质的世界，本是一个冷酷的世界。你看，大宇长宙的中间何等黑暗呀！何等森寒呀！但是，它能进化、能活动、能创造，这是什么缘故呢？因为它有"光"，因为它有"热"！

诸君！我们这个人生，本是一个机械的人生，本是一个自利的人生。你看，社会民族中间何等黑暗呀！何等森寒呀！但是，它也能进化、能活动、能创造，这是什么缘故呢？因为它有"情"，因为它有"同情"！

同情是社会结合的原始，同情是社会进化的轨道，同情是小己解放的第一步，同情是社会协作的原动力。我们为人生向上发展计，为社会幸福进化计，不可不谋人类"同情心"的涵养与发展。哲学家和科学家，兢兢然求人类思想见解的一致；宗教家与伦理学家，兢兢然求人类意志行为的一致，而真能结合人类情绪感觉的一致者，厥唯艺术而已。一曲悲歌，千人泣下；一幅面镜，行者驻足，世界上能熔人感觉情绪于一炉者，能有过于美术的吗？美感的动机，起于同感。我们读一首诗，如不能设身处地，直感那诗中的境界，则不能了解那首诗的美。我们看一幅画，而不能神游其中，如历其境，则不能了解这幅画的美。我们在朝阳中看见了一枝带露的花，感觉着它生命的新鲜，生意的无尽，自由发展，无所挂碍，便觉得有无穷的不可言说的美。

譬如两张琴，弹了一琴的一弦，别张琴上，同音的弦，方能共鸣。自然中间美的谐和，艺术中间美的音乐，也唯有同此弦音，方能合奏。所以，有无穷的美，深藏若虚，唯有心人，乃能得之。

　　但是，我们心琴上的弦音，本来色彩无穷，一个艺术家果能深透心理，扣着心弦，聊歌一曲，即得共鸣。所以，艺术的作用，即是能使社会上大多数的心琴，同入于一曲音乐而已。

　　这话怎讲？我们知道，一个学术思想，还很不难得全社会的赞同。因为思想，可以根据事实，解决是非。我们又知道，一件事业举动，也还不难得全社会同情。因为事业，可以根据利害，决定从违。这两种都有客观的标准，不难强令社会于一致。但是，说到情绪感觉上的事，却是极为主观的，很难一致的了。我以为美的，你或者以为丑；你以为甘的，我或者以为苦。并且，各有其实际，绝不能强以为同。所以，情绪感觉，不是争辩的问题，乃是直觉自决的问题。但是，一个社会中感情完全不一致，却又是社会的缺憾与危机。因为"同情"本是维系社会最重要的工具。同情消灭，则社会解体。

　　艺术的目的是融社会的感觉情绪于一致，譬如一段人生，一幅自然，各人遇之，因地位、关系之差别，感觉情绪，毫不相同。但是，这一段人生，若是描写于小说之中，弹奏于音乐之里，这一幅自然，若是绘画于图册之上，歌咏于情词之中，则必引起全社会的注意与同感，而最能使全社会情感荡漾于一波之上者，尤莫如音乐。所以，中国古代圣哲极注重"乐教"。他们知道，唯有音乐，能调和社会的情感，坚固社会的组织。

　　不单是艺术的目的，是谋社会同情心的发展与巩固。本来，艺术的起源，就是由人类社会"同情心"的向外扩张到大宇宙自然里去。法国哲学家居友（Guyau）在他的名著《艺术为社会现象》中，论之甚详。我们人群社会中，所以能结合与维持者，是因为有一种社会的同情。我们根据这种同情，觉着全社会人类都是同等，都是一样的情感嗜好，爱恶悲乐。同我之所以为"我"，没有什么大分别。于是，人我之界不严，有时以他人之喜为喜，以他人之悲为悲。看见他人的痛苦，如同身受。这时候，小我的范围解放，入于社会大我之圈，和全人类的情况感觉一致颤动，古来的宗教家如释迦、耶稣，一生都在这个境界中。

但是，我们这种对于人类社会的同情，还可以扩充张大到普遍的自然中去。因为自然中也有生命，有精神，有情绪感觉意志，和我们的心理一样。你看一个歌咏自然的诗人，走到自然中间，看见了一枝花，觉得花能解语；遇着了一只鸟，觉得鸟亦知情；听见了泉声，以为是情调；会着了一丛小草、一片蝴蝶，觉得也能互相了解，悄悄地诉说他们的情，他们的梦，他们的想望。无论山水云树，月色星光，都是我们有知觉、有感情的姊妹同胞。这时候，我们拿社会同情的眼光，运用到全宇宙里，觉得全宇宙就是一个大同情的社会组织，什么星呀、月呀、云呀、水呀、禽兽呀、草木呀，都是一个同情社会中间的眷属。这时候，不发生极高的美感吗？这个大同情的自然，不就是一个纯洁的高尚的美术世界吗？诗人、艺术家，在这个境界中，无有不发生艺术的冲动，或舞歌或绘画，或雕刻创造，皆由于对于自然，对于人生，起了极深厚的同情，深心中的冲动，想将这个宝爱的自然、宝爱的人生，由自己的能力再实现一遍。

　　艺术世界的中心是同情，同情的发生由于空想，同情的结局入于创造。于是，所谓艺术生活者，就是现实生活以外一个空想的同情的创造的生活而已。

美学散步

美学的散步

小言

　　散步是自由自在、无拘无束的行动，它的弱点是没有计划，没有系统。看重逻辑统一性的人会轻视它，讨厌它，但是西方建立逻辑学的大师亚里士多德的学派却唤作"散步学派"，可见散步和逻辑并不是绝对不相容的。中国古代一位影响不小的哲学家——庄子，他好像整天是在山野里散步，观看着鹏鸟、小虫、蝴蝶、游鱼，又在人间世里凝视一些奇形怪状的人：驼背、跛脚、四肢不全、心灵不正常的人，很像意大利文艺复兴时大天才达·芬奇在米兰街头散步时速写下来的一些"戏画"，现在竟成为"画院的奇葩"。庄子文章里所写的那些奇特人物大概就是后来唐、宋画家画罗汉时心目中的范本。

　　散步的时候可以偶尔在路旁折到一枝鲜花，也可以在路上拾起别人弃之不顾而自己感兴趣的燕石。

　　无论鲜花或燕石，不必珍视，也不必丢掉，放在桌上可以做散步后的回念。

诗（文学）和画的分界

苏东坡论唐朝大诗人兼画家王维（摩诘）的《蓝田烟雨图》说：

> "味摩诘之诗，诗中有画；观摩诘之画，画中有诗。诗曰：'蓝溪白石出，玉山红叶稀，山路元无雨，空翠湿人衣。'此摩诘之诗也。或曰：'非也，好事者以补摩诘之遗。'"

以上是东坡的话，所引的那首诗，不论它是不是好事者所补，把它放到王维和裴迪所唱和的辋川绝句里去是可以乱真的。这确是一首"诗中有画"的诗。"蓝溪白石出，玉山红叶稀"，可以画出来成为一幅清奇冷艳的画，但是"山路元无雨，空翠湿人衣"二句，却是不能在画面上直接画出来的。假使刻舟求剑似的画出一个人穿了一件湿衣服，即使不难看，也不能把这种意味和感觉像这两句诗那样完全传达出来。好画家可以设法暗示这种意味和感觉，却不能直接画出来，这位补诗的人也正是从王维这幅画里体会到这种意味和感觉，所以用"山路元无雨，空翠湿人衣"这两句诗来补足它。这幅画上可能并不曾画有人物，那会更好的暗示这感觉和意味。而另一位诗人可能体会不同而写出别的诗句来。画和诗毕竟是两回事。诗中可以有画，像头两句里所写的，但诗不全是画。而那不能直接画出来的后两句恰正是"诗中之诗"，正是构成这首诗是诗而不是画的精要部分。

然而那幅画里若不能暗示或启发人写出这诗句来，它可能是一张很好的写实照片，却又不能成为真正的艺术品——画，更不是大诗画家王维的画了。这"诗"和"画"的微妙的辩证关系不是值得我们深思探索的吗？

宋朝文人晁补之有诗云："画写物外形，要物形不改，诗传画外意，贵有画中态。"这也是论诗画的离合异同。画外意，待诗来传，才能圆满，诗里具有画所写的形态，才能形象化、具体化，不至于太抽象。

但是王安石《明妃曲》诗云："意态由来画不成，当时枉杀毛延寿。"他是个喜欢做翻案文章的人，然而他的话是有道理的，美人的意态确是难画出的，东施以活人来效颦西施尚且失败，何况是画家调脂弄粉。那画不出的"巧笑倩兮，美目盼兮"，古代诗人随手拈来的这两句诗，却使孔子以前的中国美人如同在我们眼面前。达·芬奇用了四年工夫画出蒙娜丽莎的美目巧笑，在该画初完成时，当也能给予我们同样新鲜生动的感受。现在我却觉得我们古人这两句诗仍是千古如新，而油画受了时间的侵蚀，后人的补修，已只能令人在想象里追寻旧影了。我曾经坐在原画前默默领略了一小时，口里念着我们古人的诗句，觉得诗启发了画中意态，画给予诗以具体形象，诗画交辉，意境丰满，各不相下，各有千秋。

达·芬奇在这画像里突破了画和诗的界限，使画成诗。谜样的微笑，勾引起后来无数诗人心魂震荡，感觉这双妙目巧笑，深远如海，味之不尽，天才真是无所不可。但是画和诗的分界仍是不能泯灭的，也是不应该泯灭的，各有各的特殊表现力和表现领域。探索这微妙的分界，正是近代美学开创时为自己提出了的任务。

18世纪德国思想家莱辛开始提出这个问题，发表他的美学名著《拉奥孔》，或称《论画和诗的分界》。但《拉奥孔》却是主要地分析着希腊晚期一座雕像群，拿它代替了对画的分析，雕像同画同是空间里的造型艺术，本可相通。而莱辛所说的诗也是指的戏剧和史诗，这是我们要记住的。因为我们谈到诗往往是偏重抒情诗。固然这也是相通的，同是属于在时间里表现其境界与行动的文学。

拉奥孔（Laocoon）是希腊古代传说里特罗亚城一个祭师，他对他的人民警告了希腊军用木马偷运兵士进城的诡计，因而触怒了袒护希腊人的阿波罗神。当他在海滨祭祀时，他和他的两个儿子被两条从海边游来的大蛇捆绕着身躯，拉奥孔被蛇咬着，环视两子正在垂死挣扎，他的精神和肉体都陷入莫大的悲愤痛苦之中。拉丁诗人维琪尔曾在史诗中咏述此景，说拉奥孔痛极狂吼，声震数里，但是发掘出来的希腊晚期雕像群——著名的拉奥孔（现存罗马梵蒂冈博物院），却表现着拉奥孔嘴仅微微启开呻吟着，并不是狂吼，全部雕像给人的印象是在极大的悲剧的苦痛里保持着镇定、静穆。德国的古代艺术史学者温克尔曼（Winckelmann, 1717—1768）对这雕像群写了一段影响深远的描述，影响着歌德及德国许多古典作家和美学家，掀起了纷纷的讨论。现在我先将他这段描写介绍出来，然后再谈莱辛由此所发挥的画和诗的分界。

温克尔曼在他的早期著作《关于在绘画和雕刻艺术里模仿希腊作品的一些意见》里曾有下列一段论希腊雕刻的名句：

　　希腊艺术杰作的一般主要的特征是一种高贵的单纯和一种静穆的伟大，既在姿态上，也在表情里。

　　就像海的深处永远停留在静寂里，不管它的表面多么狂涛汹涌，在希腊人的造像里那表情展示一个伟大的沉静的灵魂，尽管是处在一切激情里面。

　　在极端强烈的痛苦里，这种心灵描绘在拉奥孔的脸上，并且不单在脸上。在一切肌肉和筋络所展现的痛苦，不用向脸上和其他部分去看，仅仅看到那因痛苦而向内里收缩着的下半身，我们几乎会在自己身上感觉着。然而这痛苦，我说，并不曾在脸上和姿态上愤激表示出来。他没有像维琪尔在他的《拉奥孔》（诗）里所歌咏的那样喊出可怕悲吼，因嘴的孔洞不允许这样做（白华按：这是指雕像的脸上张开了大嘴，显示一个黑洞，很难看，破坏了美），这里只是一声畏怯的敛住气的叹息，像沙多勒所描写的。

　　身体的痛苦和心灵的伟大是经由形体全部结构用同等的强度分布着，并且平衡着。拉奥孔忍受着，像索福克勒斯（Sophocles）的菲诺克太特（Philoctet）：他的困苦感动到我们的深心里，但是我们愿望也能够像这个伟大人格那样忍耐痛苦。一个这样的伟大心灵的表情远远超越了美丽自然的构造物。艺术家必须先在自己内心里感觉到他要印入他的大理石里的那精神的强度。希腊具有集合艺术家与圣哲于一身的人物，并且不止一个梅特罗多。智慧伸手给艺术而将超俗的心灵吹进艺术的形象。

　　莱辛认为温克尔曼所指出的拉奥孔脸上并没有表示人所期待的那样强烈苦痛的疯狂表情，是正确的。但是温克尔曼把理由放在希腊人的智慧克制着内心感情的过分表现上，这是他所不能同意的。

　　肉体遭受剧烈痛苦时大声喊叫以减轻痛苦，是合乎人情的，也是很自然的现象。希腊人的史诗里毫不讳言神们的这种人情味。维纳斯（美丽的爱神）玉体被刺痛时，不禁狂叫，没有时间照顾到脸相的难看了。荷马史诗里战士受伤倒地时常常大声叫痛。照他们的事业和行动来看，他们是超凡的英雄；照他们的感觉情绪来看，他们仍是真实的人。所以拉奥孔的希腊雕像上那样微呻不是由于希腊人的品德如此，而应当到各种艺术的材料的不同、表现可能性的不同和它们的限制去找它的理由。莱辛在他的《拉奥孔》里说：

　　有一些激情和某种程度的激情，它们经由极丑的变形表现出来，以至于将身体陷入那样勉强的姿态里，使他的在静息状态里具有的一切美丽线条都丧失掉了。因此古代艺术家完全避免这个，或是把它的程度降低下来，使它能够保持某种程度的美。

　　把这思想运用到拉奥孔上，我所追寻的原因就显露出来了。那位巨匠是在所假定的肉体的巨大痛苦情况下企图实现最高的美。在那丑化着一切的强烈感情里，这痛苦是不能和美相结合的。巨匠必须把痛苦降低些——他必须把狂吼软化为叹息，并不是因为狂吼暗示着一个不高贵的灵魂，而是因为它把脸相在一难堪的样式里丑化了。人们只要设想拉奥孔的嘴大大张开着而评判一下。人们让他狂吼着再看看……

　　莱辛的意思是：并不是道德上的考虑使拉奥孔不像在史诗里这样痛极大吼，而是雕刻的物质的表现条件在直接观照里显得不美（在史诗里无此情况），因而雕刻家（画家也一样）须将表现的内容改动一下，以配合造型艺术由于物质表现方式所规定的条件。这是各种艺术的特殊的内在规律，艺术家若不注意它，遵守它，就不能实现美，而美是艺术的特殊目的。若放弃了美，艺术可以供给知识，宣扬道德，服务于实际的某一目的，但不是艺术了。艺术须能表现人生的有价值的内容，这是无疑的。但艺术作为艺术而不是文化的其他部门，它就必须同时表现美，把生活内容提高、集中、精粹化，这是它的任务。根据这个任务各种艺术因物质条件不同就具有了各种不同的内在规律。拉奥孔在史诗里可以痛极大吼，声闻数里，而在雕像里却变成小口微呻了。

　　莱辛这个创造性的分析启发了以后艺术研究的深入，奠定了艺术科学的方向，虽然他自己的研究仍是有局限性的。造型艺术和文学的界限并不如他所说的那样窄狭、严格，艺术天才往往突破规律而有所成就，开辟新领域、新境界。罗丹就曾创造了疯狂大吼、躯体扭曲，失了一切美的线纹的人物，而仍不失为艺术杰作，创造了一种新的美。但莱辛提出问题是好的，是需要进一步作科学的探讨的，这是构成美学的一个重要部分。所以近代美学家颇有用《新拉奥孔》标名他的著作的。

　　我现在翻译他的《拉奥孔》里一段具有代表性的文字，论诗里和造型艺术里的身体美，这段文字可以献给朋友在美学散步中做思考资料。莱辛说：

　　身体美是产生于一眼能够全面看到的各部分协调的结果。因此要求这些部分相互并列着，而这各部分相互并列着的事物正是绘画的对象。所以绘画能够也只有它能够摹绘身体的美。

　　诗人只能将美的各要素相继地指说出来，所以他完全避免对身体的美作为美来描绘。他感觉到把这些要素相继地列数出来，不可能获得像它并列时那种效果，我们若想根据这相继地一一指说出来的要素而向它们立刻凝视，是不能给予我们一个统一的协调的图画的。要想构想这张嘴和这个鼻子和这双眼睛集在一起时会有怎样一个效果是超越了人的想象力的，除非人们能从自然里或艺术里回忆到这些部分组成的一个类似的结构（白华按：读"巧笑倩兮"……时不用做此笨事，不用设想是中国或西方美人而情态如见，诗意具足，画意也具足）。

　　在这里，荷马常常是模范中的模范。他只说，尼惹斯是美的，阿奚里更美，海伦具有神仙似的美。但他从不陷落到这些美的周密的啰唆的描述。他的全诗可以说是建筑在海伦的美上面的，一个近代的诗人将要怎样冗长地来叙说这美呀！

　　但是如果人们从诗里面把一切身体美的画面去掉，诗不会损失过多少？谁要把这个从诗里去掉？当人们不愿意它追随一个姊妹艺术的脚步来达到这些画面时，难道就关闭了一切别的道路了吗？正是这位荷马，他这样故意避免一切片断地描绘身体美的，以至于我们在翻阅时很不容易地有一次获悉海伦具有雪白的臂膀和金色的头发，（《伊利亚特》Ⅳ，第319行）正是这位诗人他仍然懂得使我们对她的美获得一个概念，而这一美的概念是远远超过了艺术在这企图中所能到达的。人们试回忆诗中那一段，当海伦到特罗亚人民的长老集会面前，那些尊贵的长老们瞥见她时，一个对一个耳边说：

"怪不得特罗亚人和坚胫甲开人，为了这个女人这么久忍受着苦难呢，看来她活像一个青春常驻的女神。"

还有什么能给我们一个比这更生动的美的概念，当这些冷静的长老也承认她的美是值得这一场流了这许多血，洒了那么多泪的战争的呢？

凡是荷马不能按照着各部分来描绘的，他让我们在它的影响里来认识。诗人呀，画出那"美"所激起的满意、倾倒、爱、喜悦，你就把美自身画出来了。谁能构想莎茀所爱的那个对方是丑陋的，当莎茀承认她瞥见他时丧魂失魄。谁不相信是看到了美的完满的形体，当他对于这个形体所激起的情感产生了同情。

文学追赶艺术描绘身体美的另一条路，就是这样：它把"美"转化做魅惑力。魅惑力就是美在"流动"之中。因此它对于画家不像对于诗人那么便当。画家只能叫人猜到"动"，事实上他的形象是不动的。因此在它那里魅惑力会变成了做鬼脸。但是在文学里魅惑力是魅惑力，它是流动的美，它来来去去，我们盼望能再度地看到它。又因为我们一般地能够较为容易地生动地回忆"动作"，超过单纯的形式或色彩，所以魅惑力较之"美"在同等的比例中对我们的作用要更强烈些。

甚至于安拉克耐翁（希腊抒情诗人），宁愿无礼貌地请画家无所作为。假使他不拿魅惑力来赋予他的女郎的画像，使她生动。"在她的香腮上一个酒窝,绕着她的玉颈一切的爱娇浮荡着"(《颂歌》第二十八)。他命令艺术家让无限的爱娇环绕着她的温柔的腮,云石般的颈项!照这话的严格的字义,这怎样办呢?这是绘画所不能做到的。画家能够给予腮巴最艳丽的肉色,但此外他就不能再有所作为了。这美丽颈项的转折,肌肉的波动,那俊俏酒窝因之时隐时现,这类真正魅惑力是超出了画家能力的范围了。诗人(指安拉克耐翁)是说出了他的艺术是怎样才能够把"美"对我们来形象化感性化的最高点,以便让画家能在他的艺术里寻找这个最高的表现。

这是对我以前所阐述的话一个新的例证,这就是说,诗人即使在谈论到艺术作品时,仍然是不受缚于把他的描写保守在艺术的限制以内的(白华按:这话是指诗人要求画家能打破画的艺术的限制,表出诗的境界来。但照莱辛的看法,这界限仍是存在的)。

莱辛对诗(文学)和画(造型艺术)的深入的分析,指出它们的各自的局限性,各自的特殊的表现规律,开创了对于艺术形式的研究。

诗中有画,而不全是画;画中有诗,而不全是诗。诗画各有表现的可能性范围,一般说来,这是正确的。

但中国古代抒情诗里有不少是纯粹的写景,描绘一个客观境界,不写出主体的行动,甚至不直接说出主观的情感,像王国维在《人间词话》里所说的"无我之境",但却充满了诗的气氛和情调。我随便拈一个例证并稍加分析。

唐朝诗人王昌龄一首题为《初日》的诗云:

初日净金闺，先照床前暖。

斜光入罗幕，稍稍亲丝管。

云发不能梳，杨花更吹满。

　　这诗里的境界很像一幅近代印象派大师的画，画里现出一座晨光射入的香闺，日光在这幅画里是活跃的主角，它从窗门跳进来，跑到闺女的床前，散发着一股温暖，接着穿进了罗帐，轻轻抚摩一下榻上的乐器——闺女所吹弄的琴瑟箫笙——枕上的如云的美发还散开着，杨花随着晨风春日偷进了闺房，亲昵地躲上那枕边的美发上。诗里并没有直接描绘这金闺少女（除非"云发"二字暗示着），然而一切的美是归于这看不见的少女的。这是多么艳丽的一幅油画呀！

　　王昌龄这首诗，使我想起德国近代大画家门采尔的一幅油画（门采尔的素描1956年曾在北京展览过），那画上也是灿烂的晨光从窗门撞进了一间卧室，乳白的光辉漫漫在长垂的纱幕上，随着落上地板，又返跳进入穿衣镜，又从镜里跳出来，抚摩着椅背，我们感到晨风清凉，朝日温煦。室里的主人是在画面上看不见的，她可能是在屋角的床上坐着。（这晨风沁入，怎能还睡？）

太阳的光，

洗着她早起的灵魂，

天边的月

犹似她昨夜的残梦。

　　（《流云小诗》）

门采尔这幅画全是诗，也全是画；王昌龄那首诗全是画，也全是诗。诗和画里都是演着光的独幕剧，歌唱着光的抒情曲。这诗和画的统一不是和莱辛所辛苦分析的诗画划分界相抵触吗？

我觉得不是抵触，而是补充了它，扩张了它们相互的蕴涵。画里本可以有诗（苏东坡语），但是若把画里每一根线条、每一块色彩、每一条光、每一个形都饱吸着浓情蜜意，它就成为画家的抒情作品，像伦勃朗的油画，中国元人的山水。

诗也可以完全写景，写"无我之境"，而每句每字却反映出自己对物的抚摩，和物的对话，表出对物的热爱，像王昌龄的《初日》那样，那纯粹的景就成了纯粹的情，就是诗。

但画和诗仍是有区别的。诗里所咏的光的先后活跃，不能在画面上同时表现出来，画家只能捉住意义最丰满的一刹那，暗示那活动的前因后果，在画面的空间里引进时间感觉。而诗像《初日》里虽然境界华美，却赶不上门采尔油画上那样光彩耀目，直射眼帘。然而由于诗叙写了光的活跃的先后曲折的历程，更能丰富着和加深着情绪的感受。

诗和画各有它的具体的物质条件，局限着它的表现力和表现范围，不能相代，也不必相代。但各自又可以把对方尽量吸进自己的艺术形式里来。诗和画的圆满结合（诗不压倒画，画也不压倒诗，而是相互交流交浸），就是情和景的圆满结合，也就是所谓"艺术意境"。我在十几年前曾写了一篇《中国艺术意境之诞生》，对中国诗和画的意境做了初步的探索，可以供散步的朋友们参考，现在不再细说了。

美学与艺术略谈

　　近来我国新思潮中有种很可喜的现象，就是对于艺术的兴趣渐渐浓了。研究美学的人也有了。绍虞君介绍了"近世美学"，美学的书也到了中国了。不过我觉得一般普通人对于美学与艺术两个概念还有没有完全明白的，所以略微谈谈，借此引起多数人的了解与兴趣。

　　我曾遇着几位初听见"美学"这个名词的人，很不了解美学和艺术的分别，就问着我，我简单地答道："美学是研究'美'的学问，艺术是创造'美'的技能。当然是两件事。不过艺术也正是美学所研究的对象，美学同艺术的关系，譬如生物同生物学罢了。"这个答语实在过于笼统，我现在把美学和艺术的内容分开来说说。

美学的定义和内容

　　"美学"的英文Aesthetics，德文Ästhetik，源出于希腊的Oncotrnos，是关于感觉性的学问的意思。但是现代学者却差不多共定它是个"研究那由'美'或'非美'发生的感觉情绪的学科"。这个定义还嫌不概括，因为美学研究的内容还不止此。我记得德国Meumann的"经验美学"中说，美学所研究的事物可分以下几门：

（一）美感的客观的条件：从实验上研究那引起我们发生美感的客观物件的性质与法则。

（二）美感的主观的条件：从实验心理学上研究那引起美感的主观心界的联想作用（Association）、空想作用、同感作用、静观作用（Contemplation）等等。

（三）自然美与艺术创作美的研究：从这里研究真美的性质和法则。

（四）人类史中艺术品创造的起源和进化：从这里研究人类艺术创造的性质和法则。

（五）艺术天才的特性及其创造艺术的过程：研究古来大艺术家的生平，从他生活史或自传中考察他创造艺术时的心理作用及技艺的运用手段。

（六）美育的问题：研究怎样使美术的感觉普遍到平民的社会生活和个人生活间。

这以上诸问题，都是美学所研究的对象。美学的内容已可窥见一斑了。总括言之，美学的主要内容就是：以研究我们人类美感的客观条件和主观分子为起点，以探索"自然"和"艺术品"的真美为中心，以建立美的原理为目的，以设定创造艺术的法则为应用。现代的经验美学就是走的这个道路。但是以前的美学却不然。以前的美学大都是附属于一个哲学家的哲学系统内，他里面"美"的概念是个形而上学的概念，是从那个哲学家的宇宙观里面分析演绎出来的。绍虞君的"近世美学"中已说及了，我可以不必再说。

艺术的定义和内容

艺术就是"人类的一种创造的技能，创造出一种具体的客观的感觉中的对象，这个对象能引起我们精神界的快乐，并且有悠久的价值"。这是就客观方面言。若就主观方面——艺术家的方面说，艺术就是艺术家的理想情感的具体化、客观化，所谓自己表现（Selfexpression）。所以艺术的目的并不是在实用，乃是在纯洁的精神的快乐；艺术的起源并不是理性知识的构造，乃是一个民族精神或一个天才的自然冲动的创作。他处处表现民族性或个性。艺术创造的能力乃是根于天成，虽能受理性学识的指导与扩充，但不是专由学术所能造成或完满的。艺术的源泉是一种极强烈深浓的、不可遏止的情绪，挟着超越寻常的想象能力。这种由人性最深处发生的情感，刺激着那想象能力到不可思议的强度，引导着他直觉到普通理性所不能概括的境界，在这一刹那间产生的许多复杂的感想情绪的联络组织，便成了一个艺术创作的基础。

艺术的性质，古来说者不一，亚里士多德说"艺术是模仿自然"，这话现在已不能完全成立。因艺术虽是需用自然的材料，借以表现，或且取自然的现象做象征，取自然的形体做描写的对象，但他绝不是一味地模仿自然，他自体是一种自由的创造。他从那艺术家的理想情感里发展进化到一个完满的艺术品，也就同一个生物细胞发展进化到一个完全的生物一样。所以我向来的观察，以为艺术并不是模仿自然，因他自己就是一段自然的实现。艺术家创造一个艺术品的过程，就是一段自然创造的过程，并且是一种最高级的、最完满的自然创造的过程。因为艺术是选择自然间最适宜的材料，加以理想化、精神化，使他成了人类最高精神的自然的表现。其实各种艺术与自然的关系也很不同。譬如建筑艺术在他建作一方面就纯粹不是取象于自然，乃是随顺着几何学比例（Geometrical progression）的法则。音乐也不是取象于自然。抒情诗更不是模仿自然，他纯粹是抒写主观的情绪。

各种艺术中所需用的自然的材料的量也很不齐。譬如，音乐所凭借的物质材料就远不及建筑。诗歌的词句与音乐更是完全精神化了。（言语不是思想的内容，乃是思想的符号。）总之，愈进化愈高级的艺术，所凭借的物质材料愈减少，到了诗歌造其极，所以诗歌是艺术中之女王。艺术是自然中最高级创造，最精神化的创造。就实际讲来，艺术本就是人类——艺术家——精神生命的向外的发展，贯注到自然的物质中，使他精神化、理想化。

以上我把我所知道的、所理解的艺术的内容粗略说了。现在再将艺术的门类说一下，做我这篇短论的结束。我们可以按照各种艺术所凭借以表现的感觉，分别艺术的门类如下：

（一）目所见的空间中表现的造型艺术：建筑、雕刻、图画。

（二）耳所闻的时间中表现的音调艺术：音乐、诗歌。

（三）同时在空间、时间中表现的拟态艺术：跳舞、戏剧。

悲剧的与幽默的人生态度

　　人类社会的法律、习惯、礼教，使人们在和平秩序的保障之下，过一种平凡安逸的生活；使人们忘记了宇宙的神秘，生命的奇迹，心灵内部的诡幻与矛盾。

　　近代的自然科学更是帮助近代人走向这条平淡幻灭的路。科学欲将这矛盾创新的宇宙也化作有秩序、有法律、有礼教的大结构，像我们理想的人类社会一样，然后我们更觉安然！

　　然而人类史上向来就有一些不安分的诗人、艺术家、先知、哲学家等，偏要化腐朽为神奇，在平凡中惊异，在人生的喜剧里发现悲剧，在和谐的秩序里指出矛盾，或者以超脱的态度守着一种"幽默"。

　　但生活严肃的人，怀抱着理想，不愿自欺欺人，在人生里面体验到不可解救的矛盾，理想与事实的永久冲突。然而愈矛盾则体验愈深，生命的境界愈丰满浓郁，在生活悲壮的冲突里显露出人生与世界的"深度"。

　　所以悲剧式的人生与人类的悲剧文学使我们从平凡安逸的

生活形式中重新识察到生活内部的深沉冲突，人生的真实内容是永远的奋斗，是为了超个人生命的价值而挣扎，毁灭了生命以殉这种超生命的价值，觉得是痛快，觉得是超脱解放。

大悲剧作家席勒（Schiller）说："生命不是人生最高的价值。"这是"悲剧"给我们最深的启示。悲剧中的主角是宁愿毁灭生命以求"真"，求"美"，求"权力"，求"神圣"，求"自由"，求人类的"上升"，求最高的善。在悲剧中，我们发现了超越生命的价值的真实性，因为人类曾愿牺牲生命、血肉及幸福，以证明它们的真实存在。果然，在这种牺牲中人类自己的价值升高了，在这种悲剧的毁灭中人生显露出"意义"了。

肯定矛盾，殉于矛盾，以战胜矛盾，在虚空毁灭中寻求生命的意义，获得生命的价值，这是悲剧的人生态度！

另一种人生态度则是以广博的智慧照瞩宇宙间的复杂关系，以深挚的同情了解人生内部的矛盾冲突，在伟大处发现它的狭小，在渺小里却也看到它的深厚；在圆满里发现它的缺憾，但在缺憾里也找出它的意义。于是以一种拈花微笑的态度同情一切；以一种超越的笑、了解的笑、含泪的笑、惘然的笑，包容一切以超脱一切，使灰色黯淡的人生也罩上一层柔和的金光，觉得人生可爱。可爱处就在它的渺小处、矛盾处，就同我们欣赏小孩儿们的天真烂漫的自私，使人心花开放，不以为忤。

这是一种所谓幽默（Humour）的态度。真正的态度是平凡渺小里发掘价值。以高的角度测量那"煊赫伟大"的，则认识它不过如此。以深的角度窥探"平凡渺小"的，则发现它里面未尝没有宝藏。一种愉悦、满意、含笑、超脱，支配了幽默的心襟。

"幽默"不是谩骂，也不是讥刺。幽默是冷隽，然而在冷隽背后与里面有"热"。（林琴南译狄更斯的《块肉余生》里富有真的幽默。）

悲剧和幽默都是"重新估定人生价值"的，一个是肯定超越平凡人生的价值，一个是在平凡人生里肯定深一层的价值，两者都是给人生以"深度"的。

莎士比亚以最客观的慧眼笼罩人类，同情一切，他是最伟大的悲剧家，然而他的作品里充满着何等丰富深沉的"黄金的幽默"。

以悲剧情绪透入人生，以幽默情绪超脱人生，是两种意义的人生态度。

美学与趣味性 [1]

美学的研究与论述可以采取各种不同的形态：柏拉图以对话的形式谈论美与艺术；康德以严肃的哲学分析的方式研究美的判断力；西方近代的一些美学家从心理分析的角度探寻美的意识的特点；中国魏晋六朝时代的文人则注重从人物的风度、言语的隽妙、行动的别致来欣赏美，并把"气韵生动"列为美术的终极目标，等等。

所以，美学的内容，不一定在于哲学的分析，逻辑的考察，也可以在于人物的趣谈、风度和行动，可以在于艺术家的实践所启示的美的体会与体验。就后面这种方式来说，六朝的《世说新语》正是先驱，后来续出的不少，颇为人们所喜爱。现在这本《艺苑趣谈录》扩大范围，从古今中外的艺术史中广泛撷取富有启发性的趣事趣谈，就更显得丰富多彩了。它并不

_____

① 本文是 1982 年 10 月作者为《艺苑趣谈录》（龙协涛编著，北京大学出版社出版）一书写的序。

是一本系统论述文艺美学的理论著作，它也并不直接解决文艺美学的某个理论问题。但是它所选取的古今中外著名艺术家的这些趣事趣谈，却可以启发我们去思考和研究文艺美学的很多理论问题。这也许就是它的特色与价值之所在。照我想，一本书的学术性和趣味性并不是互相排斥的。真正理想的美学著作，所应追求的恰恰应该是学术性和趣味性的统一。不知读者以为如何？

温克尔曼美学论文选译

论希腊雕刻

[译自《关于在绘画和雕刻艺术里模仿希腊作品的一些意见》]

希腊艺术杰作的一般特征是一种高贵的单纯和一种静穆的伟大，既在姿态上，也在表情里。

就像海的深处永远停留在静寂里，不管它的表面多么狂涛汹涌，在希腊人的造像里那表情展示一个伟大的沉静的灵魂，尽管是处在一切激情里面。

在极端强烈的痛苦里，这种心灵描绘在拉奥孔的脸上，并且不单是在脸上。在一切肌肉和筋络所展现的痛苦，不用向脸上和其他部分去看，仅仅看到那因痛苦而向内里收缩着的下半身，我们几乎会在自己身上感觉着。然而这痛苦，我说，并不曾在脸上和姿态上用愤激表示出来。他没有像维琪尔在他的拉奥孔（诗）里所歌咏的那样喊出可怕悲吼，因嘴的孔洞不允许这样做，这里只是一声畏怯的敛住气的叹息，像沙多勒所描写的。

身体的痛苦和心灵的伟大是经由形体全部结构用同等的强度分布着，并且平衡着。拉奥孔忍受着，像索福克勒斯的菲诺克太特：他的困苦感动到我们的深心里，但是我们愿望也能够像这个伟大人格那样忍耐痛苦。一个这样的伟大心灵的表情远远超越了美丽自然的构造物。艺术家必须先在自己内心里感觉到他要印入他的大理石里的那精神的强度。希腊具有集合艺术家与圣哲于一身的人物，并且不止一个梅特罗多。智慧伸手给艺术而将超俗的心灵吹进艺术的形象。

（中略）

身体的站相愈静穆，它就更适合表现心灵的真实性格：在一切过分脱离静穆站相的姿态里，心灵不处在它的最自在的，而是在一种被迫的强勉的状态里。在强烈的情操里，心灵是较易被人认识和指出的，但伟大和高贵却是在统一的、静穆的站相里。

在拉奥孔里，如果单单把痛苦塑造出来，就成为拘挛的形状了。所以艺术家赋予它一个动作，这动作是在这样巨大的痛苦里最接近静穆的形象的，为了把这时突出的状况和心灵的高贵结合于一体。但是在这个静穆形象里，又必须把这个心灵所具有的，和别的任何人不同的特征标出来，以便使他既静穆，同时又生动有为；既沉寂，却不是漠不关心或打瞌睡。

现代时髦艺术家的一般趣味却是和这极端相反。他们所获得的赞赏正是由于把极不寻常的状态和动作，偕着无耻的火热，用放肆挥洒，像他们所说的制造出来。

他们喜爱的口号是"对立姿势"（Contianost），这对于他们是一个完美作品里一切品德的总汇。他们要求他们的形象里一种灵魂要像是一颗彗星脱出了它的轨道。他们希望在每一个形象

里见到一个阿亚克斯（Ajax）及一个Cananeia①。（下略一段）

希腊雕像里的高贵的单纯和静穆的伟大同时也是希腊最好时期的文章的标志，像苏格拉底学派的文章。而这类品质也构成一个拉斐尔的主要伟大处。这是他通过模仿古人达到的。

赫尔苦勒斯残雕

[译自《短论》]

试问一问那些认识人类本质里（译者按：原文为有死者的天赋中）最美的东西的人，曾否见过能和这残雕的左侧形相相比拟的东西？它的肌肉里的作用和反作用是用一种聪慧的尺度把它们的变化着的起动和快速的力量令人惊赞地平衡着，这躯体必须通过它们才能来为完成一切任务做准备。就像在海的一个波动中，那原先静止的平面在一雾似的骚动里用荡着的浪纹涨起来，一浪被一浪吞噬着，这浪纹又从这里而滚了出来，同样地，在这里一个筋肉柔和地涨了起来，飘然地渡进另一个肌肉，而在它们中间一个第三肌肉升了起来，好似加强着它们的波动，而又消逝在它们里面，我们的视线好像也同样地被吞噬在里面了。当我从背后看这躯体时，我惊喜着，就像一个人，在他赞叹过一座庙宇的闳丽的前门之后，被人导引上这庙的高处，他原先不能俯眺的穹窿，把他再度推坠惊奇之中。我在这里看见这肢体的尊贵的构造，诸肌肉的起始，它们的部位和运动的根基，而这一切展开在眼前，好似从山顶上发见一片风景，大自然把它的丰富多样的美倾泻在这上面。

---

① 阿亚克斯、索福克勒斯悲剧中的人物。

就像这些愉快的峰顶由柔和的坡陀消失到沉沉的山谷里去，这一边逐渐狭隘着，那一边逐渐宽展着，那么多样的壮丽优美；这边昂起了肌肉的群峰，不容易觉察的凹涡常常曲绕着它们，就像曼盎特尔的河流。与其说它们是对我的视觉显现着，不如说它们是对我们的感觉展示着。

柏维德尔宫的阿波罗雕像

[译自《古代艺术史》]

这里是体现了古代幸免于摧毁的作品中最高的艺术理想。这作品的创造者是把这作品完全建基于那理想之上，他从物质材料里只采取了必不可少的那么些，以便实现他的目的，使它形象化。这个阿波罗超越着一切别的同类的造像，就像荷马的阿波罗远远超过了他以后一切诗人所描写的那样。这雕像的躯体是超人类的壮丽，它的站相是它的伟大的标示。一个永恒的春光用可爱的青年气氛，像在幸福的乐园里一般，装裹着这年华正盛的魅人的男性，拿无限的柔和抚摩着它的群肢体的构造。把你的精神躐进无形体美的王国里去，试图成为一个神样美的大自然的创造者，以便把超越大自然的美充塞你的精神！这里是没有丝毫的可朽灭的东西，更没有任何人类的贫乏所需求的东西。没有一筋一络炙热着和刺激着这躯体，而是一个天上来的精神气，像一条温煦的河流，倾泻在这躯体上，把它包围着。他用弓矢所追射的巨蟒皮东已被他赶上了，并且结果了它。他的庄严的眼光从他高贵的满足状态里放射出来，似瞥向无限，远远地越出了他的胜利：轻蔑浮在他的双唇上，他心里感受的不快流露于他的鼻尖的微颤一直升上他的前额，但额上浮着静穆的和平，不受干扰。他的眼睛却饱含着甜蜜，就像那些环绕着他、渴想拥抱他的司艺女神们……

（中略一段）

在观赏这艺术奇迹里我忘掉了一切别的事物，我自己采取了一个高尚的站相，使我能够用庄严来观赏它。我的胸部因敬爱而扩张起来，高昂起来，像我因感受到预言的精神而高涨起那样，我感觉我神驰黛诺斯（Delas）而进入留西（Lycich）圣林，这是阿波罗曾经光临过的地方：因我的形象好似获得了生命和活动像比格玛琳（Pygma-Lion）的美那样。怎样才能摹绘它和描述它呀！艺术自身须指引我和教导我的手，让我在这里起草的图样，将来能把它圆满完成。我把这个形象所赐予我的概念奉献于它的脚下，就像那些渴想把化环戴上神们头顶上的人，能仰望而不能攀达。

[译后记]

德国18世纪艺术史家温克尔曼的两部著作《关于在绘画和雕刻艺术里模仿希腊作品的一些意见》和《古代艺术史》对于当时德国学术界和文学界发生了极大的影响。莱辛、赫尔德尔、歌德、席勒都受到他的启发而深一层地理解了希腊艺术。他对于希腊艺术美的解释"高贵的单纯和静穆的伟大"成为德国古典主义文学的美学理想（见歌德的名剧《伊菲格尼》）。德国近代艺术理论家淮错尔德说道："这一深刻的历史理解的觉醒，没有那热情的倾泻，没有温克尔曼对他科研对象深情的体验和思想的深入，是不能设想的。这个新的癖爱才打开了新科学的大门。温氏毕生所献身的美的观念——通过这个，他的人格和他的命运获得普通的人类意义——他也在他的主著的文章风格里来寻找。他替自身定下任务：要把思想的美和文章的美努力推上极峰。阿波罗雕像的描写要求着我的辛劳就像写一首英雄颂诗那样，在描写柏维德尔的诸雕像里，温氏初次做了试验来解决这一问题，就是要把感性的直观转成文字的描述，艺术的体验化为艺术的摹绘。"歌德赞他的文章说："这是一有生命的东西，为着有生命的人……而写的。"可惜我的拙笔不能传达他文中的生命。

黑格尔的美学与普遍人性

菲·巴生格

一

　　盖哈德·柏朗斯勒在他为黑格尔美学讲演录新版本所写的按语（1955年柏林版，参看《建设》第212页）末尾指出："今天美学不可避免的任务，是给艺术和艺术批评提供客观的评量标准。这个任务，是不能再按照黑格尔的方式来完成了，却还不能抛弃黑格尔。"柏朗斯勒提出的任务是正确的。下面的发挥是想对这个任务的完成有所贡献。这些发挥是想在现在的讨论中提出一个衡量艺术的标准，这标准在黑格尔的学说中是颇为隐秘的，也从来没有受人重视，虽然它有真正广泛的意义。而且，在我看来，就在今天还应该被认为艺术的决定性的衡量标准。为了一开头就能更精确地指出研究方向，那就要谈谈衡量人们所说的一个艺术作品所以"伟大"的标准。我们说到"伟大的"，有时还说到"很伟大的"艺术，大家就感觉到，这里所指的不是随随便便的一个标准，而显然是指的艺术决定性的评量标准。那么，这个标准是什么呢？什么东西使一件艺术作品比另一件伟大？

这应该是正确的吧，如果我们先搞清楚，迄今为止，在现代美学讨论中什么是艺术的一般"客观评量标准"，尤其是从黑格尔那里"取得"的"伟大"艺术的标准。我们的这个出发点自然会使我们首先注意到卢卡契的那篇论文，这篇论文排印在上面所说的黑格尔美学新版本的卷首，但也可以在卢卡契的《美学史论文集》（1954年柏林版）里读到。

二

卢卡契首先是朝着两个方向寻找黑格尔对美学的贡献。如果人们追随着卢卡契，就会在两个方向上多少得出一定的评量标准来。但可惜的是这些评量标准却相互处在一种不可协调的对立中，固然只是作为评量标准来说才这样。但是我们将会看到，黑格尔的这个问题中的主题思想却是很可以统一的。

卢卡契首先看到黑格尔美学的主要功绩是阐明艺术受着社会条件的约束，以及与此有关的美学范畴的历史化。卢卡契认为：依照黑格尔，艺术家应该把"当时社会的和历史的发展状态——把这个内容，而且仅仅这个内容艺术地再现出来，把它摄取到艺术里面，把它用艺术自身的工具表现出来；……在这里鉴别伟大艺术作品的标准是看它如何广博地包含着，深入而直观地（这就是说不纯靠理知的反省）把某一时代内容的整个无尽的丰富表现出来"（黑格尔《美学》新版本第21页）。根据这标准，一个艺术作品能够把它的"世界状态"愈广博地表现出来，那么它就愈伟大。至于所涉及的是哪一个世界状态，却是无所谓的。在这意义上任何一个时代都一定可以有"伟大"的艺术。

在次页上，卢卡契又放弃了这个意见，并且说道："黑格尔不以为艺术的每个发展阶段都能够创造同样富有价值的东西，他不以为在某些时代产生某种风格的历史必然性会消灭各个时期和各种风格中间存在着的美学的价值和等级上的区别，因此就跟颓废的资产阶级相对主义所主张的不同。反过来黑格尔认为，按艺术的本质来说，某一个一定的内容较另一个内容更适合艺术表现，因此人类发展的某些阶段可能对于艺术创造还不适合或不再适合。因此黑格尔给予古典希腊艺术的特殊地位，具有了普遍美学的以及超出美学范围的普遍哲学的意义。这样整个美学成了人道原则的宏大的启示：去表现各方面发展了的、没有被歪曲过的、还未由于不利的分工而成为品格不完整的人。在这种人身上，肉体的和精神的性能，个体的和社会的特点构成一个有机的整体。在黑格尔的眼中，塑造这种人是艺术的伟大的客观任务。这个人道的理想自然而然地创造了评价每个艺术风格、每个艺术种类或个别艺术作品的绝对指标。"（第22页）由此得出来的自然不是"相对主义"的而是"绝对主义"的评量标准。那种把艺术诞生时期的世界状态最圆满地表现出来的艺术并不是最伟大的艺术，"人道主义"的艺术才是伟大的艺术——而且立刻可以看清楚，这里的"人道主义"一词应当以很特殊的意义来理解。

我们不用多费言辞来说明黑格尔的这两个评量标准（作为对立的评量标准）之间的矛盾是不可协调的。在黑格尔的美学中，固然有着很深的内在矛盾。我们以后还要说到一个具有决定性的内在矛盾。首先我们却要弄明白：从卢卡契的表述中好像可以见到矛盾，在黑格尔那里是并不存在的。甚至可以说，这里谈到的是充满矛盾的迷途，我们今天的美学讨论正有走上这种迷途的危险。因此，在这方面作一简短的论述是非常重要的。

三

我们先考察一下卢卡契在黑格尔那里所发现的，随后又放弃掉的"历史主义的评量标准"。不难看出卢卡契这里涉及的是什么。那就是在黑格尔的学说中某一时期的"世界状态"所起的作用。尽管这种作用是那么有意义，尽管黑格尔在这方面的发现是那么重要。人们不应过分强调这一点而忽略了错误的一方面。黑格尔在什么地方使用了"世界状态"这个概念呢？不是用来阐述艺术本质，而是用来论述"理想"，即用来论述"理想的"、真正的艺术。他问，什么世界状态才是理想的艺术状态。艺术的"理想的"对象是"自由的个性"——这几乎是从艺术的概念直接引申出来的，因此"英雄的状态"是理想的艺术状态，因为在这英雄的状态里面自由的个性表现得最为明显。但是，第一，这英雄的状态已经完全不再是希腊大雕刻家的世界状态了，并且很难说曾经是荷马诗歌的世界状态。因此，第二，在黑格尔那里所说的理想的世界状态完全不是理想的艺术所自出的世界状态，而是这么一种世界状态，它能够给理想的艺术的对象——即自由的个性——以理想的背景，理想的环境。这就转入第三点，即按照黑格尔的意见，世界状态并不是艺术已经真正表现了的东西。理想的艺术家并不曾表现过自己的世界状态或一个过去的世界状态。这也不是其他的艺术家所表现的。理想的艺术所表现的对象总是自由的个性和它的行动本身——它不是仅仅作为世界状态的代言者。如果人们只想给理想的行动一种任务，就是把世界状态明白地显现出来，这就完全不是黑格尔式的想法了。个性和行动是具体的东西，因此是"真实的东西"。相反世界状态是较为抽象和较不真实的东西。按照黑格尔的说法，人们永远不能赋予具体的东西这样一项任务：把抽象的东西明白地显现出来。用黑格尔自己的词句来表达：世界状态只是"个性造型上的可能性，而不是这种造型本身"（第218页），于是黑格尔的体系是从世界状态里先产生出情况，从情况产生行动，这行动才能成为"造型本身"。

四

照这样看来，在黑格尔思想中，上面所说的第一个"评量伟大艺术的标准"并不起着标准的作用。黑格尔在上述体系中给予"世界状态"这个概念的地位已经说明，那第二个评量标准即以人道作为艺术种类和作品的"评价的绝对准绳"，是比较受到重视的。因为黑格尔在他的问题提法中首先就是从这样一点出发：一个"理想的艺术"的可能性是存在着的。在他看来，这样一个理想的艺术已经没有疑问地成了现实，并且——永远是过去的了。所以我们要确实记住，按照黑格尔美学的基本观念来说，只曾有过一个最确实的、最真正的理想的艺术时代……这就是希腊时代。和希腊时代相比，一切别的时代都相形见绌，成为非真正的、非确实的。也就是说，"非理想"的时代了。但是还有第二点，人们常常忘掉这一点（其实它和第一点同样重要）：根据黑格尔美学的基本观念，只有一个最确实的、最真正的理想的艺术种类——雕刻。这一点我也要牢牢记住，虽然我们对它不能作进一步探讨。黑格尔用这两方面的观念建立一个绝对的艺术评量标准，但第一这不是评量一个艺术作品是否"伟大"的标准，而是评量它是不是真正的最确实的"理想的"艺术；第二我们在这方面谈到的人道绝不能照我们今天的道德观念的意义去理解，而是——至少首先是——从那样的意义来说，即英雄时代的自由个性是特别人道的东西。

那可能是确实的，黑格尔对于希腊精神和（在较小范围内）对雕刻的特殊钟爱不仅仅是向后看的，感伤留恋的，而且在本源上正是具有革命的意味，卢卡契在他的《少年黑格尔》（1954年柏林版）里对这方面作了许多有启发性的阐述，并且就在老年的黑格尔身上也可能还残存着一些。但是这个最真正的艺术时代对老年黑格尔是"过去了"，从上面的阐述来看，这一点是不容置疑的。

五

我们已经指出，卢卡契的黑格尔解释基本上是受到今天的美学论辩的限制的。他的两项"评量标准"正确地指出两条迷途，而这正是我们今天首先要避免的两条迷途。

一条迷途是把艺术同当时的世界状态完全联系起来，于是艺术作品的是否"伟大"的评量是从它表现世界状态的程度深浅得出来的。艺术因此丧失了所有——甚至相对的——本身价值。它仅仅成了指示方向的工具：指示同时代人，现在"是"

怎样的，因而应该怎样"去做"；告诉后来的人曾经"是"怎样的。这样人们就会把巴尔扎克看作"多么伟大"的一个艺术家，因为他把资本主义的某一发展阶段作了全面而透彻的暴露。这条迷途是由于把黑格尔的所谓世界状态的作用"头脚倒置"而造成的结果。

另一条迷途是人们把黑格尔对希腊主义的推崇绝对化了，并且"掉过头来往前看"，于是自然就得出社会主义、现实主义具有绝对崇高地位的看法。艺术的历史好像纯粹是一条追求未来的艺术的道路：荷马以后的未来的伊利亚德，社会主义的伊利亚德，才将是最伟大的伊利亚德，将成为最终的伊利亚德。

不难看到，两条迷途有着一个共同的根源，就是把艺术同世界状态联系起来，只要人赋予一个世界状态以绝对的崇高地位，就会从第一条迷途发展出第二条迷途。用现代的言辞来说，归根结底，两者都围绕着同一个问题：艺术的本质是否能够用上层建筑的性质完全解释出来，艺术是否除"反映"基础以外没有别的，是否人们从这里引申出"反映和能动性的关系的一切结论"（第43页等）。我说这是迷途，我让大家知道我认为这个办法是错误的。进一步在这方面论证我的观点不是我这篇文章的任务。我只能指出那些和我们讨论直接有关的东西。

卢卡契首先说到"人类活动的范围里艺术世界显然的——相对的——独立性"。我深切地相信这种相对独立性。但是从上述的基本观念中却不能叫人理解这种相对独立性。卢卡契责备黑格尔，说黑格尔的看法根本就像莱布尼兹的看法一样，艺术"仅是认识的一个准备阶段……是认识的一个不完满的形式……并且不是一个正确地反映现实的独立的方式"（第28

页）。但在我看来，卢卡契的主要企图，是使艺术或者单纯地成为认识的另一种形式（虽不是完满的形式），或者成为理论和实践中间的一个养子，只有理论和实践才是基本的现象。莱布尼兹和黑格尔的错误看法是不能这样加以克服的。

但这还不是主要点。人们必须考虑这样的决定性事实：过去在很不同的民族和很不同的时代中产生了伟大的艺术，这些艺术我们今天看来仍然是伟大的艺术。百世以后的人们看来也将是这样——只要他们能够大致领悟"诗艺的声音"而不是野蛮人，倒不管他们是谁。荷马、希腊雕刻和安蒂蒂尼，米开朗琪罗、拉斐尔和伦勃朗，席勒、莎士比亚和歌德，巴哈、莫扎特和贝多芬，他们以及其他许多人中间没有任何一个将会停止直接对人类说话；没有一个将会在这个意义上被"超过"，并且大概还有几位永远不能被人"赶上"。这不仅仅也是美学所不应完全忽略的"一件有趣的事情"，这却正是人类的美学基本经验。事实上它是美学的基本问题。谁不承认这个基本经验，这个基本事实，就不能和他谈美学的事物——他"是一个野蛮人，倒不管他是谁"。

马克思已经指出，解释这个基本事实是最迫切需要的。他希望他能解释为什么荷马仍然对我们发生影响，以至于……像马克思那样的人每年要把荷马著作的原文读一遍。马克思没有时间亲自去寻得这种解释。如果我们现在想要弥补这个遗憾，就应该首先看到，运用卢卡契所理解的黑格尔的两个评量标准是不能达到这些目标的。人们能否认真地设想，奥德赛中诺西卡一幕的伟大、流浪者的夜歌的伟大、西斯亭娜或马太受难曲的伟大，能够依据它们清楚地表现出来的某一时期的世界状态，甚至根据它们所指示的未来世界状态的程度来评价吗？

请人们不要误解了"迷途"的说法。从艺术的"世界状态"来说明艺术，从"世界状态"的变迁来解说艺术的发展，这并不是迷途。查明艺术作品里面所包含的人道主义的或指示着未来的内容，这也不是迷途。这种做法只有在用它去做评量艺术是否"伟大"的决定性的标准的时候，才会成为迷途。读者必须时时注意，我们在这里所谈的只是评量标准的问题。为了不要显得不公平，我必须强调指出，卢卡契在我们上面所引述的地方，原来谈的尽是别的东西，那就是根本为了要强调出黑格尔关于这两个问题的见解中的不可磨灭的真理内容。关于"伟大"只是附带地被涉及的。但是不去理会这个附带问题的看法，极可注意。因为这个正是说明，在卢卡契的论黑格尔美学的论文里关于艺术伟大的评量标准问题仍然没有获得解决。

六

那么，黑格尔怎样呢？我们前面说到黑格尔美学里面的矛盾，首先要回过头去谈论一个大的矛盾。这个矛盾同我们的基本问题有无关系呢？

人们早就注意到那个"大的"内在矛盾了，至少是这个矛盾的一个方面。这就是依照黑格尔的基本观念，他本来只是应该对古典艺术时代有兴趣，而他实际上却广泛地研究近代艺术。他把莎士比亚、歌德、席勒刻画得那样深刻和正确，几乎没有第二个人能做到。那个"大的矛盾"的另一个方面至少也同样重要：依照他的基本观念，他应该主要研究雕刻，而他的叙述的内在重心却更强烈地倾向于文学方面，即使从外表来看，在这《美学》新版本中，雕刻占有75页，而文学占有230页。在阅读这书时——尽管诗的"过渡性质"是被强调着的——人们必然会有这个印象：黑格尔认为诗（更具体些：剧）确是最高的艺术种类。为了解释这事，我们可以简单地说——幸而黑格尔常常如此——对事物的生动的直观又一次战胜了体系的构造。在这里，黑格尔也没有让他的公式阻碍他看清一切伟大的事物。但是我们要追问下去：在黑格尔看来什么是"伟大"呢？

黑格尔没有把这个问题特别提出来。艺术作品的"伟大"的范畴在他那里似乎是根本找不到的。但是照我们刚才所说的，这仅仅是"似乎"而已。"伟大"这范畴处处都隐藏在表述的事实内容里面，并且人们大概可以说，它（指"伟大"这范畴）的公开的出现将会把它的内在的体系，与其说是破坏不如说是显露出来。这个公开的出现将会同时意味着那刚才所说的种种内在矛盾的公开的扬弃。

只要略略翻阅过黑格尔的美学，人人都会首先明白这一点："伟大"的评量标准在黑格尔那里不会只是纯粹形式的，而必须是本原的内容的。但是按照黑格尔的看法，每一种完成的艺术——不论是不是伟大——必须具有圆满的感性的形象的内容。在两个完成的艺术作品中那较伟大的必须不仅仅包含着"较伟大"的内容，并且也必须同时显示出较大的艺术造型力。

但是我们现在不愿再说谜样的话了——迄今为止我们敢于这样做，是因为读者从这篇文章的标题上已经会知道这个谜底，就是作为艺术内容的普遍人性。我的主张是：一个"完成"的艺术作品的内容愈是具有普遍的人性，就愈加伟大。并且我相信，这个评量标准也能在黑格尔美学中指出来，而且基本上还是他的内在体系中的一个主要契机。

七

我们先要问，黑格尔在他的言论里主要提倡哪一类艺术。每个毫无成见地提出这个问题的人，会立刻找到答案：自然是提倡伟大的作品。那就是他认为是伟大的而我们也多半承认是伟大的作品。但是对于我们一切人和对于黑格尔什么是评判一件艺术作品伟大与否的准绳呢？什么艺术能够一眼就看出它的伟大呢？伟大的艺术——我们大家都这样想——是一种艺术，它克服了空间和时间，从一个民族到另一个民族、从一个时代到另一个时代能保持不朽，因而证明它的伟大。说到这里，就势必追问（几乎是辞令上的）：若是艺术作品的内容不能够普遍地被理解，若是它不具有至少在这个意义上是"普遍的人性"（至少在这个意义上），那么它怎么能克服空间和时间呢？

我们已经说过，"伟大"这个范畴并没被黑格尔特别提出来，可以看到，他在这方面一向是非常谨慎的。我并不反对人们学黑格尔的这种保留态度，而把"伟大"这个词用括弧括起来。但是事实还是存在着，那选择的原则依然存在着。"历史不朽"的意义依然存在着。而普遍人性仍然是"历史不朽"的基础。而且在黑格尔的美学里面，这普遍人性不仅仅是隐秘的主要契机，并且在若干具有决定意义的论点上也完全显露了出来。

　　这点应该是很新奇的，并且会教一些人吃惊。在格洛克奈尔的《黑格尔辞典》里人们找不到这个论点，既不谈"普遍人性"，也不谈"人性"。我们这种看法不是只有文字上的根据，因这个名词第一次被写在新版本上。它的新奇在于它不合乎人们向来对黑格尔美学的看法，这就使人吃惊。因为——不是吗？——黑格尔首先正是研究美的事物的伟大历史学家，如果就他是一个绝对主义者来说，他正是推崇希腊雕刻的绝对主义者，普遍人性则是同以上两个事实完全不相协调的。真是这样的吗？这个问题只有请黑格尔自己来解决。我们来考察一下黑格尔美学中特别提到普遍人性的地方吧。

　　第一个值得注意的地方是在关于现代艺术和艺术观的论述中——那就是论述到这样一个立场，它恰恰是黑格尔的真正的历史的立场。他的美学构思也正是从这个立场出发。他在这里说，艺术在今天越出艺术自身的范围。他接着说道："当艺术这样超越它自身范围的时候，它却使人回返到本人的过程，即深入他自己的胸怀的过程。由于这样，艺术摆脱了加于内容和观点上的一切束缚而把人道作为它的新的神圣，即是人心里的深湛和崇高，即在快乐和苦痛中、在奋勉中、在行动和命运中的普遍人性。"（第570页）值得注意的是，黑格尔把这"神圣的人道"，即人性的概念，只照现代的意义来使用——而不是在论述那被卢卡契称为人道主义的英雄的世界状态里面所使用的人道概念。这普遍性究竟是什么？它只是存在于近代艺术里吗？或者它是在古典艺术中也表现着东西？

　　下面的另一段引文答复了这个问题。黑格尔在这里阐释了由于民族的差异而产生文学观点的个别化，并且指出："贯穿着民族差异的多样性和数世纪里演进的历程的一方面是普遍人性，另一方面，是艺术性，这是共同的东西，因此，别的民族和时代意识也能了解和欣赏。在这双重的关系中希腊的诗永远受到不同民族的惊叹，永远被模仿，因有在它里面纯粹人性的东西在内容和艺术形式方面达到最美的展示。"（第883页）在这里普遍人性是艺术的内容，希腊史诗的特殊地位可以这样来解释，因而在希腊诗中普遍人性能够很好地构成形象——但为什么会这样呢？

下面一段话可以给予答复。在黑格尔阐述史诗的普遍世界状态那一段，就是研究这个问题：什么世界状态最适合作为史诗的背景？黑格尔答复这个问题就同在他阐述"理想"那里一样：就是在肯定英雄时代优越性的意义下解答这问题。但是他在这里插进了极可注意的一段来谈普遍人性，这一段可以说是包含了论证英雄时代优越性的核心，因此基本上包含了黑格尔对古代艺术的一般评价。这段是这样开始的："如果一个民族史诗想使异邦民族和不同时代的人对它也永久发生兴趣，那么就要使它所描写的世界不仅仅具有特殊的民族性，而且应该是那样的，即在这特殊的民族、他的英雄性和事业中同时突出地表现那普遍人性。例如在荷马诗歌中那些包含着直接神圣的和道德的题材，人物的和全部生活的光辉。直观具象的现实，诗人使我们见到现实中最高尚和最渺小的东西，这一切一切都成了不朽的现在。"（第952页）英雄时代的以及古典艺术的优越性是这样来的，就是在那个背景里普遍人性最能突出地表现我们看到这普遍人性——这个普遍人性是唯一的尚能作为艺术对象来引起我们现代人兴趣的东西。我几乎可以说Quod erat demonstrandum（这是已经被证明的了）。

在黑格尔说明抒情诗的特殊的时候，普遍人性再一次演着显著的角色——这里首先同那些过于个别的，单纯属于"谈情说爱，表兄弟姊妹的故事"相反："为了能够起诗意的共鸣，我们总要记住些普遍人性的东西。"（第1007页）多数的民歌在黑格尔看来显然是太个别性的东西，在这里普遍人性也是艺术优劣的确定标准："民族常常是最个别的，对于它们的优劣不再有确定的标准，因为它们离开普遍人性太远了。"（第1011页）

八

我们所征引的黑格尔美学中几处文字能使人认识到它的"绝对主义"的面貌，这在上面已经说过了。现在我们再次回到卢卡契所说的黑格尔的"绝对的评量标准"对于艺术评价的关系，这应该是适当的事吧。我们前面已经引述过的卢卡契关于这方面的发挥是用下面一句话开头的："黑格尔不以为艺术的每个发展阶段都能够创造同样富有价值的东西。他不以为在某些时代产生某种风格的历史必然性会消灭各个时期和各种风格中间存在着的美学的价值和等级上的区别，因此就跟颓废的资产阶级的相对主义所主张的不同。"我们在前面已经说过，黑格尔主张的从一个作品的历史地位所引申出来的评量标准，并不是艺术作品的"伟大"的标准，而是评量它的"本质性"、"理想性"的标准。从我们上面所确定了的一定事实来看，在这点上来谈"价值和等级区分"是大有问题的。卢卡契自己不至于设想黑格尔有此观念：以为浪漫主义艺术是比古典主义价值低些——或者甚至以为诗学是比雕刻价值低些。当人们一般地谈艺术价值的时候——像卢卡契所做的那样，那么人们所指的基本上不外乎是我们所说的一件艺术作品的"伟大"的程度。在这方面黑格尔的意见无疑的是：除去人类历史"前艺术"时代以外，无论在浪漫主义的和古典的时代里，在文学和雕刻中，同样有过伟大的作品。

关于上面所引的那部分，卢卡契继续说道："相反地，他以为从艺术的本质里可以得出这样的结果：某一个一定内容较另一个内容更适合艺术表现，因此人类发展的某些阶段可以对于艺术创造还不适合或不再适合。"这是对的，但是卢卡契却不继续谈这个最有趣的问题。因为顶重要的是首先要知道"对于艺术创造最适合"的发展阶段究竟是什么样子——至少要把从希腊到黑格尔活着的这个时代看一看。在这方面，黑格尔的意见是：人类各个不同的发展阶段（其次是不同的民族，再次是各个艺术家的个性）具有艺术地处理的一定内容——或者，我宁愿说，一定的主题——的不同能力。

我认为这是黑格尔美学中"历史主要特征"的具有决定性的和无法抹杀的核心。从这个角度看来每一时代和每一民族都负有某种世界性历史任务，去处理"自己"的课题。如果这个任务已经完成了，那么在这一个题目上再没有什么可说的了。"没有荷马、索福克勒斯，没有但丁、阿利奥斯多或莎士比亚能够在我们这儿出现；已经这样伟大的歌唱过的、这样自由地说出过的东西是已经说过了；题材和观察它、理解它的方式都已经歌唱完了。"（第570页）历史条件的原则，照黑格尔的意见，是不仅仅对题材、题目，而且也对"观察它，理解它，理解它的方式"，对各种风格和艺术种类，最后并且对整个艺术都是适用的。黑格尔美学在这方面也包含着不可磨灭的真理内容，对我们来说，它并且比黑格尔本人所犯的所谓矛盾或实在矛盾更为有趣，但我们在这里不能进一步探索它了。

但在这方面，我们首先要强调指出，我们所主张的普遍人性的意义并不和那历史条件的原则相矛盾，而且正处于完满的和谐中。从这个观点出发，卢卡契所阐发出来的黑格尔美学的两个主题思想，就可以相互协调了。不过人们在这里不要把特殊的历史条件性和特殊的历史意义混淆起来。我们提到世界性历史任务，这句话必须在一件艺术品越过它所由产生的时代，并且仍然有艺术价值的时候，才有意义。我们已经指出过，这正是黑格尔的观点——并且是他美学观念里的一个基本看法。荷马和莎士比亚已经"唱完了，我们不再能够像他们一样地唱了。对黑格尔说来，这就同时意味着：他们替我们歌唱过了，因此我们不用再像他们那样地歌唱了。我们这个时代还有别的东西可以歌唱，别的方式来歌唱，这正是黑格尔的意思"。他紧接"唱完了"那句话又说道："只有现代是新鲜的，别的时代是暗淡的，愈过愈暗淡了。"——当然，这是从艺术创造来说，不是从对艺术的接受来说！此外也还应该有一些带有普遍人性的主题，根本是歌唱不尽的，只有那"观察的和理解的方式"，它们是会在各时代里被唱完的。

在我们现在仍在讨论的那部分，卢卡契曾使用了"人道的"这个概念。那么，我们所说的普遍人性和卢卡契所说的"人道的"是怎样的关系呢？卢卡契所指的和我们所说的是不是同样的东西呢？这在一定范围内可能是相同的，但是只在一定的范围内。黑格尔所指的普遍人性，事实上是艺术评价的一个"绝对标志"。像我们说过的那样，一件艺术作品的内容愈具普遍人性，它就愈伟大。但是卢卡契所描述的人道——即是内在的完整的人性——却不是评量艺术是否"伟大"的标准，而只是对艺术的"理想性"的一个评量标准。所以会这样，正是因为那"人道的"东西特别适合把那"普遍人性"表达出来。除此以外，我根本不认为在这里用"人道的"一词是确当的。我们习惯把这一词运用于另外的意义上——多半在伦理的意义上。按这个近代的意义来说，例如在伊利亚德里就没有太多的"人道的东西——虽然阿溪里对勃里亚摩有着相当的情谊……"

九

人们或者可以说，普遍人性是根本没有的。只能有被历史条件所规定的人性。因为没有"一般的人"。只有被历史条件所规定的人。

当然，只有被历史条件所规定的人。但是他在不小的范围内具有"普遍的价值"（否则"人道"一词没有意义）。此外，他有着某种"普遍的责任"（但这点对我们现在无关）。如果没有这种普遍性格，这种普遍人性，那么，一个时代和另一个时代、一个民族和另一个民族就不能互相了解，并且不能够有一个比较，尤其是不能有一个可以传播给别的时代、别的种族的人们的艺术。然而确实有这种艺术，这是一个"基本事实"。我们这里是从这个基本事实出发，这个事实我们无须索取任何证明。谁承认了这个基本事实，谁就要接受我们所说的普遍人性的概念。

　　此外，还要注意，同黑格尔一样，我们的主要着眼点是希腊以来的各个时代。我们不是说，人类就其作为一种生物来说有"普遍性"，而是说，一定发展阶段中的历史的人也有"普遍性"，因而我们所说的"普遍人性"本身就是在历史中完成的。不过这段历史时期很长，并且和那个与它密切联系的艺术历史一样，具有这样的特性，即它的影响是经久的，从趋势上看，是一时不易消失的。为了这个相对的持久性，我们在叙述这个问题时可以放松历史这一方面。当我们在此简略地说着"一切的人"，说着"永远"，说着"到处"的时候，请读者了解这些措辞常常不是很精确的。

十

　　那么这里所说的普遍人性究竟是怎样的一种意义呢？——人们有理由这样发问。普遍人性是否永远只是一个极模糊的抽象，是不是用重复漏光的方法，把"所有的人"重叠地摄在一张底片上的照片？

　　我们举一个简单的例子：譬如歌德的小诗"我在森林里漫步……"照上面所说的第一个评量标准，这首诗的等级高低应该看它把歌德的时代表达到什么程度。无疑，人们能够从这首诗中吸取一些关于这个时代的东西——例如关于在那个时代里男女相互间的地位。但是不会有人认真地从这方面来评量这首诗的等级。卢卡契所说的黑格尔的第二个"绝对的"价值标志不是很明显的。但是首先，隐藏在这首诗里，由这首诗表达出来的人性，尽管那么具有素朴的内在的信心，却不是表示英雄式的天真的浑朴。这人性却是由于个人人格努力的结果，而不是由于社会的陶冶。所以不是卢卡契定义下的人道。假使人性就是这样，它是否就是伟大了呢？一切从一个一定的人性中来的并且"透露"着人性的东西都是伟大的了。这是无可争辩的。当我们称这首诗是伟大的，为了它有普遍人性的内容的时候，这就是暗指下面的意思：这首诗的主题是关于多情地发现、移植和爱护一棵花的事情。这个直接的主题几乎一切时代、一切民族的人——至少在歌德以后——是都能了解的。经常会有人"这样"发现、移植和爱护一棵小花，就像歌德所描写的一样，这普遍人性的内容在这首诗里之所以成为圆满的艺术形象，首先由于这整个经过是用像这段经过自身——从故事来说——同样的素朴和深情叙述出来的：一种主题和形象构造中间最圆满的谐和，这谐和却不是在一切艺术都是如此。由某一个采特勃罗姆去叙述着阿德利映·莱费尔肯，不是毫无理由的。但这个谐和在这里，在这顶顶真挚的抒情诗中，却意味着不可企及的标记。关于携回一棵花的事情歌德的诗是"绝唱"了。但仅仅是这一点吗？这棵花是唯一的珍物，人们会用这样的钟爱和小心去发现它，移植它，保护它？即使我们不知道这里歌德是把他和克莉斯蒂映娜之间的那段经历在这里加以形象化（这事件对这首诗的产生是具有决定性的关系的，但对于这诗的评价却是完全无关系的）。对我们来说，这首诗也会不知不觉地成为一个隐喻，隐喻着携运另外一种珍宝——并且成为另一首诗"野蔷薇"的对立物。"野蔷薇"这首诗也是隐喻着对于花、子女以及这个世界中的别种珍物的完全相反但是也具有普遍人性的态度。但是在我看来，我们这首诗正是因此而比"野蔷薇"更圆满、更伟大，因为在这里花"没有说话"，因为即使花不说话，我们也能够把它看作明显的寓言，并且在某种意义里甚至应该这样才好。无论如何，谁对于这诗的爱好是直接由于这个寓言本身而不是因为它的"背后"有可猜测之处，谁就是较好地把握了这首诗。这个较普遍的内容应该而且能够在我们心中引起共鸣，这也规定着这诗的价值大小。这个较为普遍的内容，在一定程度上歌德也许已把它"歌唱尽了"。

　　假使人们以为我们的评量标准是比卢卡契所说的黑格尔的"第一个"评量标准要抽象些，那就误解我们的意思了。我们并不是要把对"普遍的"世界状态的透彻表明来代替对具体的世界状态的透彻表明。我们是拿对具体的普遍人性的主题的透彻表明来代替对具体世界状态的透彻表明。而且照我的意见，对具体世界状态的透彻表明是比较抽象的。如果我说：我们是对那常说的"典型的"东西——它正是一个具体的普遍的东西——用一种更为普遍的具体东西——普遍人性——来补充，这大概更容易理解了吧。但在这里，绝不应该丢掉具体的时间性的东西。艺术的形象永远不能也不应该是普遍的。艺术永远表示着一个完全规定了的"如此相"，但是在艺术意义上这"如此相"并不以"如此相"引我们的兴趣，历史的正确性也永远不能完全构成一个艺术作品的伟大。在一个伟大艺术作品面前人必须能够说：人（或这一自然界或其他）就是这样的，他在这现存的环境中必须是如此，必须如此行动，必须遭受着如此的命运。如果人们不仅仅看见"如此相"，而进一步看透那个"这样"，然后人们可以把这个"这样"，即普遍人性，作为艺术作品的内容——并且假使因为完全别样的环境，这内容不能表现为"如此相",或如此经过,人们也是会理解的。

我在此只想谈谈主题中的普遍人性的程度差异,而不想谈普遍人性的主题本身中的等级区分。这种等级区分是有的——例如等级区分会产生这样结果:给予浮士德一个比较"我在森林里漫步……"一诗更高的评价。但是这却是更高一级的问题,这是不再能用几个特殊的美学范畴来说清楚的。从这个高一级的观察阶段来看,这样的一些观点,例如对世界状态的广泛而透彻的说明,人道主义的内容和指明未来的内容都将发生作用。所以人们似乎可以分为三个观察阶段:(一)如果一件艺术品的内容成为完全感性的形象,它就是"完成的";(二)一件"完成的"艺术作品的内容愈有普遍人性,它就愈伟大;(三)就在"同等伟大"的艺术作品中也可以有等级差异,这就要依据另外的评量标准了。但是在这里也好,在任何其他地方也好,我以为必不可跳越第二阶段的问题,这第二阶段的问题是比"第三阶段"的问题更广泛。例如,等级问题在音乐的第三阶段中的意义就根本不同于等级问题在诗的第三阶段上的意义。

十一

如果人们在讨论时拿普遍人性作评量标准,那么按照上面所说,绝不能够这样说:一个作品的主题愈抽象,它就愈加伟大。直接的主题永远是完全感性的、具体的,而普遍人性问题是基本上和抽象无关的。它所要做的是,只是看看某一个主题是不是经常起作用的;精确一点说,那个直接的主题是不是通过一些普遍的东西透彻地表示出来,是不是到处被了解,以至于那作品能够到处作为自己内心经历的隐喻被感觉着。那么一件最伟大的作品就是从事于最平凡的和最日常的东西了吗？不仅是日常的东西，就是那些非日常的东西也是具有普遍人性的。而且最后这也是一个趣味问题，如果一个人把幸福称作平凡庸俗，还有比我们那首诗"我在森林里……"更为平凡的——如果人想这样说它——主题吗？但是，谁能设想出除了歌德以外还有任何一个诗人曾把它"唱说尽了"的呢？我们才说到幸福，有比一个幸福的微笑更为普遍人性的主题吗？尽管世界上有那么多的圣母像——我却只认识唯一的一张画，在这张画上幸福是那样成为一个微笑，以至于我在生活里每次见到一个幸福的微笑的时候，总会去追忆这幅画：达·芬奇圣母像中的圣安娜（藏巴黎卢浮宫）。这种"追忆"不就是艺术的伟大的可靠的见证吗？

　　艺术的评量标准当然是一件特殊的东西。它们不像一管尺子那样可以量，它们只能指出方向。因此它们到了某一种人手中就毫无用处。这种人没有领会艺术表现的感觉器官，在这里，也就是没有领会艺术的"伟大"的感觉器官。我们在这里说的是主题的普遍人性，一个没有指尖感觉的人想要用触觉感觉出什么是他所评判的具体作品的真正对象、主题、内容——向那个方向去寻找那隐喻的东西——那是要失败的。他或许听到过，圣母像（我们仍然谈我们所举的例子）的主题是母爱——事实上圣母像时代的"世界性历史任务"确也是在于"唱出"这个主题。他若是抱着这个顽固的成见去看西斯亭娜，将一无所得。因为西斯亭娜的真正内容和伟大是完全属于另外一路。在这张画里面主要的东西指向着这样一个真正的方向：同时从玛利亚和她的孩子的眼光中流露出来的是那种可惊的，几乎是超人的严肃神情。拉斐尔让这些眼光流露出这样的意识，即前所未闻的巨大的使命和责任和同样巨大的预感到命运之沉重。这是"普遍人性"的吗？它能不能感动那些不以基督教传说为绝对真实的人呢？我相信：每个人都能感觉到西斯亭娜的伟大，只要对这个人来说伟大责任的意识还是一个可以了解的主题，他就能觉察到，在这里"内容"是多么圆满地成为"形象"——这自然也表达在画中的圣母和耶稣对之显现那些人像中。如果我们要用这个方式透过宗教的表现形式——拉斐尔已经把那上面说的那个内容的表现形式"唱出来了"——见到普遍人性，我们也就做了黑格尔以巨匠的手腕所能做的一些东西。我首先记起：他把荷马诗中那些神们的现代经过下述方法归结为普遍人性，他指出，这些诗可以处处理解为那些有关的英雄们的内心彷徨和果断的象征。

如果一个外行人用艺术评量标准去批评音乐，这事自然是特别糟糕的。而事情却是这样，在今天研究音乐问题的人是太少了，所以一谈到音乐现象有一些美学理论就会把它归结为纯粹的空气振动。就是黑格尔也必须承认对音乐所知不太多，但是他仍然至少认识音乐的"系统的"地位（不仅是在他的系统中的地位）——因此我们无论怎样要感谢他的在一切的定义中一个最精当的、最天才的关于音乐本质的定义：音乐即是有节奏的叫喊。（按：德文说来即"美的叫喊"）音乐根本不"表现"什么——至少不是首要——不反映什么，甚至不诉说什么，不叫喊什么，也不是心灵感触的表现，而是它本身就是这种诉说、歌唱，当然只是放进一个紧凑的、简洁的形式中——

即是成了节奏，因此在这里"形式"和"内容"完全不能拆开，而一个奏鸣曲的真正主题事实上只是在它里面"奏着的"和"变化着的"东西。但是虽然这"成了节奏的叫喊"，绝不"摹写""不成节奏的"叫喊，更绝不是摹写所叫喊的内容，它却仍然能够成为一切可能说出的东西的象征。在这个意义上人们在音乐方面也能谈一谈普遍人性的内容。什么东西构成《马太受难曲》，尤其是那合唱的尾调的伟大？这个尾调——越出一切宗教传说题材以外——不是一种鼓励信心的慰藉的旋律，不是对一个死得有价值的受难者的苦痛加以慰藉的旋律吗？基本上这不是同一个旋律，它振荡在一切安慰亲近的人的音声中，使他能振作起来——这同一的旋律，同一的叫喊，只是壮伟地"加上了节奏"——它成了这整个作品的尾曲。或者人们想想《特里斯丹》的第二幕："呵，沉下来吧，爱的黑夜"。对这种创作谁想认真地用上面所说的两个评量标准去研究一下呢？

十二

我们说的是关于评量标准。人们必须从普遍人性的内容来确定增或减，大或小，至少也要说出一些道理。因此我大胆试图用几个例证来说明这个可能性。在这方面我自然不能再倚赖黑格尔的主张。

我们就举一举所能想到的最伟大的例证，即伊利亚德伟大还是奥德赛伟大的问题。撇开我的儿童时期——这时期伊利亚德的英雄们是对我们大家更接近些——不说，我绝不迟疑地把锦标给予奥德赛。首先那整个主题是较广大一些，也较为普遍些：终于从一个几乎消耗了一生的迷途旅行回返故乡——象征着能够知道从一切的惊涛骇浪中回到平安的海岸上的人生。人们几乎可以说这是一个同浮士德对立的古典作品：从情节的内在速度、目标和其他方面的意义上自然都完全不同，但是或许并不比荷马时代与歌德时代双方的差异更大些。贝拉顿的愤怒能够同阿兴里的愤怒相比吗？或者有人以为，这愤怒并不是伊利亚德的真正的主题，真正的主题应该是一个民族为了它的生存而战争（即应只有托罗亚人才是英雄了）——或者根本上是为一共同事业而牺牲（这样一来阿溪里的地位显得特别空虚）？人们或许可以在这上面争辩，但我不大相信这些。至于提到个别幕景里的普遍人性的内涵，我看在伊利亚德里面是没有什么能够比得上奥德赛里诺西卡插曲和优茂斯一幕的——虽然伊利亚德里有着赫克陀的离别、老勃里亚摩战胜了阿溪里的心等情景。

现在再举别的例子，现代文学里面的例子！易卜生将"留下"什么？一定不是娜拉或群鬼。它们的直接问题同时代的联系太密切了，因此不能够是普遍人性的。在它们的"如此相"后面没有透露出一个普遍内容的"这样"使它的象征能够"多"含蓄一些东西。一部分原因是主题不够深入，另一部分原因是感性造型力量不够感性地精练。在勃朗德和派尔·金特的作品中这力量好像是存在着——我想说：虽然它有着更为普遍人性的主题。我说"虽然"：因为主题愈"普遍"，艺术的处理愈加困难，能处理好的愈加稀少。我以为，易卜生能够做到这样，因为他对于这两个主题是有着特殊的个人的亲和力的。

　　盖哈特·霍普特曼将留下什么作品呢？自然不是《沉钟》和《比巴》，《寂寞的人们》和《日起之前》也难流传，《亨采尔车夫》《米西尔·克拉美尔》《昆特》《大母》《英地波地》较好些，一定能流传的是《鼠》《织工》和《獭皮》。在《织工》里虽然地方色彩极端特殊，但普遍的东西仍然在每一个句子里清楚地透露出来，人们在听到每一个句子时会说：在这里、那里，一切地方人是这样，他在困苦和压迫中是这样的和这样行动的。"总归一句话"，这作品纵然有明显的弱点：普遍人性在这里成了长存的形象了。

　　托马斯·曼怎样呢？《布登勃洛克》会流传，这几乎是已经确定的了。《魔山》和《浮士图斯》呢？尽管《魔山》对于托马斯·曼的内心发展和他的时代的意义多么大，而我对它的问题中的普遍人性的内涵仍觉怀疑，——更可怀疑的是这内容能不能在这个故事的轮廓内"完全歌唱出来"，这问题在《浮士图斯》一书中更为有趣。《浮士图斯》是比《魔山》更紧凑、更艺术地集中：一个人，唯一的一个人，在这本书里成为他时代的象征。但问题是，他是否成为他时代的真实象征——或仅是时代的一部分的象征。这个问题由于下面原因更为迫切，因为托马斯·曼自己总代表着这样一个立场：他认为善和恶的中间不能画出具体的分界线，例如也不能在善的德国和恶的德国中间划分界线一样。在莱费尔肯这人身上也隐藏着"善"吗？在这里隐藏着这么多的善，在任何一个意义上人们都可以说："这样"才是人……虽然还得添加一句："这样"的人，如果他同魔鬼订契约是不是会成为"如此相"呢？（这也是人的一个可能性呀！）我不相信会这样，我把托马斯·曼的"从市民到人的道路"推崇得高得多——就像诗人对他的约瑟夫的看法一样。就像批评易卜生一样，我在这里也要说，虽然他写的是具有更加普遍人性的问题。

十三

还有无限多的话可说——这些话里面也有一些对于读者来说将是"很显然"的，例如关于《母亲的勇敢》或关于《伽利莱·伽利略》。但是例子已够了，——怎么样利用它呢？我们应该完全放弃倾向性和时代性吗？我们首先寻找一个具有普遍人性的故事，然后就"万事大吉"了吗？

自然不是的，这样的结果将会是一个人性的——"过于普遍人性的东西"了。人都知道，这个怪名词是从哪里来的，并且也许会认为这名词是符合事实的。这话就在美学问题方面也是适用的，这就是把艺术的功用问题撇开一边。我们渐渐知道，倾向性对于艺术并无害处，如果艺术对于他"所要说的话是严肃的"，在美学里，倾向是在某种程度上使感觉集中化的一个陶冶方法。此外我们还应考虑的，就是关于艺术的世界性历史任务——即"完全歌唱出"每一个时代最真正的主题——这方面我们的见解。当然，倾向性、歌德式的"党派性"本身也还不能保证艺术的有价值的内容。但是人们也许仍然可以说，每一个主题必须同某些普遍人性有关联，如果它想要根本上成为艺术的内容并因此而成为艺术的形象。

我并不是主张，普遍人性的内容是艺术的唯一的评量标准。我也一次没有说过，它是评量艺术好坏的唯一的标准。我的主张是，它在"第二观察阶段"上是艺术是否伟大的决定性的评量标准。我试图指出，在黑格尔美学里这个标准起着主要的作用（虽然这种作用在表面上很少表现出来）。我的坚定的信念是，它在未来的美学里也将起这样的作用。如果我们求教于这个标准，今天我们耳边听到的大部分的问题，将得到另一种较正确的看法。因此我以为现在已经是把黑格尔关于这个问题的看法提出来给大家讨论的时候了。

第三篇 *Chapter Three*

艺术在心中流转

艺术形式美二题

一

　　每个艺术家都要创造形式来表现他的思想。有些人以为形式最好不谈，歌德说过，文艺作品的题材是人人可以看见的。内容意义经过一番努力才能把握，至于形式对大多数人是一个秘密。我认为每一个艺术家必须创造自己独特的形式，而事实也是如此，十个艺术家去表现同一个题材，每个人表现的形式一定不同。要使内容更加集中、深化、提高，需要创造形式。所谓形式主义，变成形式的游戏，歪曲了形式的本质。没有创造性的形式，很可能不美，不能打动人心。艺术品能够感动人，不但依靠新内容，也要依靠新形式。假若观众无动于衷，那才是形式主义。真正的艺术家是想通过完美的形式感动人，自然要有内容，要有饱满的情感，还要有思想。艺术的魅力是无穷无尽的，然而艺术家不是赤裸裸地表达，而是让人探索无穷，几百年以后还有影响。讲来讲去，一句话：在艺术创作中要有形式的创造，所谓形象就是内容和形式。

二

　　形式美没有固定的格式，这是一种创造。同一题材可以出现不同的作品，以形式给题材新的意义，又表现了作者人格个性。哪怕是旧题材，例如歌德的《浮士德》，故事本身不仅流传久远，英国作家马洛也早就写过，但歌德写起来就面貌一新；莎士比亚的许多作品也是这样。《浮士德》《红楼梦》的思想境界可以有不同的体会和解释。陶渊明的诗，历代诗人对他的评价和领会就不同。同一作品，年轻时和年老时体会就不同，我年轻时看王羲之的字，觉得很漂亮，但理解很肤浅，现在看来就不同，觉得很有骨力，幽深无际，而且体会到他表现了魏晋时代文人潇洒的风度。这些"秘密"都是依靠形式美来表达的。云岗、龙门石窟艺术的境界很深，我们的认识和古人不一样，但是我们尽可以有新的体会。这一切都是内容和形式完美结合所创造的形象的魅力。形象可以造成无穷的艺术魅力，可以给人以无穷的体会，探索不尽，又不是神秘莫测，不可理解。音乐也是这样。音乐的语言如果可以翻译成为逻辑语言的话，音乐就没有存在的必要了。这就是形式美的"秘密"和奥妙所在。

徐悲鸿与中国绘画^①

当西历纪元第5世纪，中国绘画已经历汉魏六朝发展臻于高点。人物画大盛，山水画亦入佳境。顾恺之、陆探微、张僧繇等大放光芒，照耀百世。于是，谢赫综合画学理论，辑成绘画之六法：曰气韵生动，曰骨法用笔，曰应物象形，曰随类赋彩，曰经营位置，曰传移摹写。此六法中之应物象形与随类赋彩，即是临摹自然，刻画造化中之真形态。经营位置，是布置万象于尺幅之中，使自然之境界成艺术之境界。骨法用笔则是中国绘画工具之特点。笔与墨之运用，神妙无穷：可以写轮廓，可以供渲染，有干笔湿笔、轻重、虚实、巧拙、繁简之分，而宇宙间万种形象，山水云烟，人物花鸟，皆幻现于笔底。且笔之运用，存于一心，通于腕指，为人格个性直接表现之枢纽。故书法为中国特有之高级艺术：以抽象之笔墨表现极具体之人格风度及个性情感，而其美有如音乐。且中国文字原

---

① 徐君《国画集》刊行于柏林巴黎，为写此文以介绍于西人。——作者原注

本象形，即缩写物象中抽象之轮廓要点，而遗弃其无关于物之精粹结构的部分。故与文字同源之中国绘画，自始即不重视物之"阴影"。非不能绘、不欲绘、不必绘也。（西画以阴影为目睹之实境而描画之，乃有凸凹。中画以阴影为虚幻而不欲画之，乃超脱凸凹，自成妙境。）

中国古代画家，多为耽嗜老庄思想之高人逸士。彼等忘情世俗，于静中观万物之理趣。其心追手摹表现于笔墨者，亦此物象中之理趣而已。（理者物之定形，趣者物之生机。）苏东坡云：

"余尝论画，以为人禽宫室器用，皆有常形；至于山石竹木，水波烟云，虽无常形，而有常理。常形之失，人皆知之。常理之不当，虽晓画者有不知。"

东坡之所谓常理，实造化生命中之内部结构，亦不能离生命而存者也。山水人物花鸟中，无往而不寓有混沦宇宙之常理。宋人尺幅花鸟，于寥寥数笔中，写出一无尽之自然，物理具足，生趣盎然。故笔法之妙用，为中国画之特色。传神写形，流露个性，皆系于此。清代画家邹一桂尝讥西洋画为无笔法，其实西洋画家亦未尝不重视用笔，尤以炭笔素描于笔致起落中表现物体之生命。唯中国画笔法之异于西洋画者，即在简之一字。清画家恽格（南田）云："画以简为尚。简之入微，则洗尽尘滓，独存孤迥。"恽本初云："画家以简洁为上。简者简于象，非简于意。简之至者，缛之至也。"故徐悲鸿君称艺有两德为最难诣者：曰华贵，曰静穆，而造诣之道则在练与简。其言曰：

　　"中国画以黑墨写于白纸或绢，其精神在抽象。杰作中最现性格处在练。练则简。简则几乎华贵，为艺之极则矣。"

　　此实中国画法所到之最高境界。华贵而简，乃宇宙生命之表象。造化中形态万千，其生命之原理则一。故气象最华贵之午夜星天，亦最为清空高洁，以其灿烂中有秩序也。此宇宙生命中一以贯之之道，周流万汇，无所不在，而视之无形，听之无声。老子名之为虚无，此虚无非真虚无，乃宇宙中浑沦创化之原理，亦即画图中所谓生动之气韵。画家抒写自然，即是欲表现此生动之气韵，故谢赫列为六法第一，实绘画最后之对象与结果也。
　　生动之气韵笼罩万物，而空灵无迹，故在画中为空虚与流动。中国画最重空白处。空白处并非真空，乃灵气往来、生命流动之处。且空而后能简，简而练，则理趣横溢，而脱略形迹。然此境不易到也，必画家人格高尚，秉性坚贞，不以世俗利害营于胸中，不以时代好尚惑其心志，乃能沉潜深入万物核心，得其理趣，胸怀洒落，庄子所谓能与天地精神往来者，乃能随手拈来都成妙谛。中国绘画能完全达此境界者，首推宋元大家。唯后来亦代不乏人，未尝中绝。近代则任伯年为徐悲鸿君所最推重，而徐君自己亦以中国美术之承继者自任。徐君幼年历遭困厄，而坚苦卓绝，不因困难而挫志，不以荣誉而自满，且认定一切艺术当以造化为师，故观照万物，临摹自然，求目与手之准确精练。（在柏林动物园中追摹狮之生活形态，素描以千数计。）有时或求太形似，但自谓"因心惊造化之奇，终不愿牺牲自然形貌，而强之就吾体式，宁屈吾体式而曲全造化之妙"。斯真中国绘画传统之真旨。盖中国古代绘画，实先由形似之极致，而超入神奇之妙境者也。花鸟虫鱼之为写实不论矣，即号称理想境界之山水画，实亦画家登高远眺之云山烟景。郭熙云："山水大物也，鉴者须远观，方见一障山水之形势气象。"其实，真山水中之云烟变幻，景物空灵，乃有过于画中山水者。且画家所欲画者，自然界之气韵生动。刘熙载云："山之精神写不出，以烟霞写之；春之精神写不出，以草树写之。"于此可以窥见中国画家写实而能空灵之秘密矣。

徐君以二十年素描写生之努力，于西画写实之艺术已深入堂奥；今乃纵横其笔意以写国画，由巧而返于拙，乃能流露个性之真趣，表现自然之理趣。昔画家徐鼎尝自跋其画云："有法归于无法，无法归于有法，乃为大成。"徐君现已趋向此大成之道。中国文艺不欲复兴则已，若欲复兴，则舍此道无他途矣。

附言

中国画以笔墨写出物之神态意境，恍如目睹，但画境内虽有深有空，有明暗阴阳，有远近，却无显明之立体凹凸与阴影如西洋画。虽六朝时张僧繇画凹凸花，远望眼晕凹凸如真，但后来中国画始终不肯画阴影，不肯用透视法刻画手可捉摸之立体。画面中处处灵虚，多有空白，若一刻画便有匠气，而西画不然，此为中西画根本不同之点，殊堪注意，曾于《图书评论》第2期（按：即《介绍两本关于中国画学的书并论中国的绘画》一文）从宇宙观及技术工具之观点比较略论及之，读者可参阅。

我和诗

　　我的写诗，确是一件偶然的事。记得我在同郭沫若的通信里曾说过："我们心中不可没有诗意、诗境，但却不必定要作诗。"这两句话曾引起他一大篇的名论，说诗是写出的，不是作出的。他这话我自然是同意的。我也正是因为不愿受诗的形式推敲的束缚，所以说不必定要作诗。（见《三叶集》）

　　然而我后来的写诗却也不完全是偶然的事。回想我幼年时有一些性情的特点，是和后来的写诗不能说没有关系的。

　　我小时候虽然好玩耍，不念书，但对于山水风景的酷爱是发乎自然的。天空的白云和复成桥畔的垂柳，是我孩心最亲密的伴侣。我喜欢一个人坐在水边石上看天上白云的变幻，心里浮着幼稚的幻想。云的许多不同的形象动态，早晚风色中各式各样的风格，是我童心里独自玩耍的对象。都市里没有好风景，天上的流云，常时幻出海岛沙洲，峰峦湖沼。我有一天私自就云的各样境界，分别汉代的云、唐代的云、抒情的云、戏剧的云等等，很想做一个"云谱"。

风烟清寂的郊外，清凉山、扫叶楼、雨花台、莫愁湖是我同几个小伴每星期日步行游玩的目标。我记得当时的小文里有"拾石雨花，寻诗扫叶"的句子。湖山的清景在我的童心里有着莫大的势力。一种罗曼蒂克的遥远的情思引着我在森林里、落日的晚霞里、远寺的钟声里有所追寻，一种无名的隔世的相思，鼓荡着一股心神不安的情调，尤其是在夜里，独自睡在床上，顶爱听那远远的箫笛声，那时心中有一缕说不出的深切的凄凉的感觉，和说不出的幸福的感觉结合在一起。我仿佛和那窗外的月光、雾光溶化为一，飘浮在树杪林间，随着箫声、笛声孤寂而远引——这时我的心最快乐。

十三四岁的时候，小小的心里已经筑起一个自己的世界。家里人说我少年老成，其实我并没念过什么书，也不爱念书，诗是更没有听过读过，只是好幻想，有自己的奇异的梦与情感。

17岁一场大病之后，我扶着弱体到青岛去求学，病后的神经是特别灵敏，青岛海风吹醒我心灵的成年。世界是美丽的，生命是壮阔的，海是世界和生命的象征。这时我欢喜海，就像我以前欢喜云。我喜欢月夜的海、星夜的海、狂风怒涛的海、清晨晓雾的海、落照里几点遥远的白帆掩映着一望无尽的金碧的海。有时崖边独坐，柔波软语，絮絮如诉衷曲。我爱它，我懂它，就同人懂得他爱人的灵魂、每一个微茫的动作一样。

青岛的半年没读过一首诗，没有写过一首诗，然而那生活却是诗，是我生命里最富于诗境的一段。青年的心襟时时像春天的天空，晴朗愉快，没有一点尘滓，俯瞰着波涛万状的大海，而自守着明爽的天真。那年夏天我从青岛回到上海，住在我的外祖父方老诗人家里。每天早晨在小花园里，听老人高声唱诗，声调沉郁苍凉，非常动人，我偷偷一看，是一部《剑南诗钞》，于是我跑到书店里也买了一部回来。这是我生平第一次翻读诗集，但是没有读多少就丢开了。那时的心情，还不宜读放翁的诗。秋天我转学进了上海同济，同房间里一位朋友，很信佛，常常盘坐在床上朗诵《华严经》。音调高朗清远，有出世之概，我很感动。我欢喜躺在床上瞑目静听他歌唱的词句，《华严经》词句的优美，引起我读它的兴趣，而那庄严伟大的佛理境界投合我心里潜在的哲学的冥想。我对哲学的研究是从这里开始的。庄子、康德、叔本华、歌德相继地在我的心灵的天空出现，每一个都在我的精神人格上留下不可磨灭的印痕。"拿叔本华的眼睛看世界，拿歌德的精神做人"，是我那时的口号。

有一天我在书店里偶然买了一部日本版的小字的王、孟诗集，回来翻阅一过，心里有无限的喜悦。他们的诗境，正合我的情味，尤其是王摩诘的清丽淡远，很投我那时的癖好。他的两句诗："行到水穷处，坐看云起时"，是常常挂在我的口边，尤在我独自一人散步于同济附近田野的时候。

唐人的绝句，像王、孟、韦、柳等人的，境界闲和静穆，态度天真自然，寓秾丽于冲淡之中，我顶欢喜。后来我爱写小诗、短诗，可以说是承受唐人绝句的影响，和日本的俳句毫不相干，泰戈尔的影响也不大。只是我和一些朋友在那时常常欢喜朗诵黄仲苏译的泰戈尔《园丁集》诗，他那声调的苍凉幽咽，一往情深，引起我一股宇宙的遥远的相思的哀感。

在中学时，有两次寒假，我到浙东万山之中一个幽美的小城里过年。那四围的山色秾丽清奇，似梦如烟；初春的地气，在佳山水里蒸发得较早，举目都是浅蓝深黛；湖光峦影笼罩得人自己也觉得成了一个透明体，而青春的心初次沐浴到爱的情绪，仿佛一朵白莲在晓露里缓缓地展开，迎着初升的太阳，无声地战栗地开放着，一声惊喜的微呼，心上已抹上胭脂的颜色。

纯真的刻骨的爱和自然的深静的美在我的生命情绪中结成一个长期的微渺的音奏，伴着月下的凝思，黄昏的远想。

这时我欢喜读诗，我欢喜有人听我读诗，夜里山城清寂，抱膝微吟，灵犀一点，脉脉相通。我的朋友有两句诗："华灯一城梦，明月百年心"，可以做我这时心情的写照。

我游了一趟谢安的东山，山上有谢公祠、蔷薇洞、洗屐池、棋亭等名胜，我写了几首记游诗，这是我第一次写诗，现在姑且记下，可以当作古老的化石看罢了。

游东山寺

（一）

振衣直上东山寺，万壑千岩静晚钟。
叠叠云岚烟树杪，湾湾流水夕阳中。
祠前双柏今犹碧，洞口蔷薇几度红？
一代风流云水渺，万方多难吊遗踪。

（二）

石泉落涧玉琮琤，人去山空万籁清。

春雨苔痕迷屐齿，秋风落叶响棋枰。

澄潭浮鲤窥新碧，老树盘鸦噪夕晴。

坐久浑忘身世外，僧窗冻月夜深明。

别东山

游屐东山久不回，依依怅别古城隈。

千峰暮雨春无色，万树寒风鸟独徊。

渚上归舟携冷月，江边野渡逐残梅。

回头忽见云封堞，黯对青峦自把杯。

旧体诗写出来很容易太老气，现在回看不像十几岁人写的东西，所以我后来也不大写旧体诗了。二十多年以后住嘉陵江边才又写一首《柏溪夏晚归棹》：

飙风天际来，绿压群峰暝。

云罅漏夕晖，光写一川冷。

悠悠白鹭飞，淡淡孤霞迥。

系缆月华生，万象浴清影。

1918至1919年，我开始写哲学文字，然而深厚的兴趣还是在文学。德国浪漫派的文学深入我的心坎。歌德的小诗我很欢喜。康白情、郭沫若的创作引起我对新体诗的注意，但我那时仅试写过一首《问祖国》。

1920年我到德国去求学，广大世界的接触和多方面人生的体验，使我的精神非常兴奋，从静默的沉思，转到生活的飞跃。三个星期中间，足迹踏遍巴黎的文化区域。罗丹的生动的人生造像是我这时最崇拜的诗。

这时我了解近代人生的悲壮剧、都会的韵律、力的姿势。对于近代各问题，我都感到兴趣，我不那样悲观，我期待着一个更有力的、更光明的人类社会到来。然而莱茵河上的故垒寒流、残灯古梦，仍然萦系在心坎深处，使我时常做做古典的、浪漫的美梦。前年我有一首诗，是追抚着那时的情趣，一个近代人的矛盾心情：

生命之窗的内外

白天，打开了生命的窗，
绿杨丝丝拂着窗槛。
白云在青空里飘荡。
一层层的屋脊，一行行的烟囱，
成千成万的窗户，成堆成伙的人生。
行着，坐着，恋爱着，斗争着。
活动、创造、憧憬、享受。
是电影、是图画、是速度、是转变？
生活的节奏，机器的节奏，
推动着社会的车轮，宇宙的旋律。
白云在青空飘荡，
人群在都会匆忙！

黑夜，闭上了生命的窗。

窗里的红灯，

掩映着绰约的心影：

雅典的庙宇，莱茵的残堡，

山中的冷月，海上的孤棹。

是诗意、是梦境、是凄凉、是回想？

缕缕的情丝，织就生命的憧憬。

大地在窗外睡眠！

窗内的人心，

遥领着世界深秘的回音。

　　在都市的危楼上俯眺风驰电掣的匆忙的人群，通力合作地推动人类的前进；生命的悲壮令人惊心动魄，渺渺的微躯只是洪涛的一沤，然而内心的孤迥，也希望能烛照未来的微茫，听到永恒的深秘节奏，静寂的神明体会宇宙静寂的和声。

　　1921年的冬天，在一位景慕东方文明的教授的家里，过了一个罗曼蒂克的夜晚；舞阑人散，踏着雪里的蓝光走回的时候，因着某一种柔情的萦绕，我开始了写诗的冲动，从那时以后，横亘约莫一年的时光，我常常被一种创造的情调占有着。黄昏的微步，星夜的默坐，大庭广众中的孤寂，时常仿佛听见耳边有一些无名的音调，把捉不住而呼之欲出。往往是夜里躺在床上熄了灯，大都会千万人声归于休息的时候，一颗战栗不寐的心兴奋着，静寂中感觉到窗外横躺着的大城在喘息，在一种停匀的节奏中喘息，仿佛一座平波微动的大海，一轮冷月俯临这动极而静的世界，不禁有许多遥远的思想来袭我的心，似惆怅，又似喜悦，似觉悟，又似恍惚。无限凄凉之感里，夹着无限热爱之感。似乎这微渺的心和那遥远的自然，和那茫茫的广大的人类，打通了一道地下的深沉的神秘的暗道，在绝对的静寂里获得自然人生最亲密的接触。我的《流云》小诗，多半是在这样的心情中写出的。往往在半夜的黑影里爬起来，扶着床栏寻找火柴，在烛光摇晃中写下那些现在人不感兴趣而我自己却借以慰藉寂寞的诗句。《夜》与《晨》两诗曾记下这黑夜不眠而诗兴勃勃的情景。

然而我并不完全是"夜"的爱好者，朝霞满窗时，我也赞颂红日的初生。我爱光，我爱美，我爱力，我爱海，我爱人间的温暖，我爱群众里千万心灵一致紧张而有力的热情。我不是诗人，我却主张诗人是人类的光明的预言者，人类光明的鼓励者和指导者，人类的光和爱和热的鼓吹者。高尔基说过："诗不是属于现实部分的事实，而是属于那比显示更高部分的事实。"那比现实更高的仍是现实，只是一个较光明的现实罢了。歌德也说："应该拿现实提举到和诗一般地高。"这也就是我对于诗和现实的见解。

新诗略谈

我日前会着康白情君谈话，谈话的内容是"新诗问题"。因时间短促，没有做详细的讨论，但却引起了我许多对于新诗的感想，今天写出来请诸君指教。

近来中国文艺界中发生了一个大问题，就是新体诗怎样作法的问题，就是我们怎样才能作出好的真的新体诗。（沫若君说真诗好诗是"写"出来的，不是"作"出来的，这话自然不错。不过我想我们要达到"能写出"的境地，也还要经过"能作出"的境地。因诗是一种艺术，总不能完全没有艺术的学习与训练的。）

现在我们且研究怎样才能作出或写出新体诗。

我想诗的内容可分为两部分，就是"形"同"质"。诗的定义可以说是："用一种美的文字——音律的、绘画的文字——表写人的情绪中的意境。"这能表写的、适当的文字就是诗的"形"；那所表写的"意境"，就是诗的"质"。换一句话说：诗的"形"就是诗中的音节和词句的构造；诗的

"质"就是诗人的感想、情绪。所以要想写出好诗真诗，就不能不在这两方面注意。一方面要做诗人人格的涵养，养成优美的情绪、高尚的思想、精深的学识；一方面要作诗的艺术的训练，写出自然优美的音节，协和适当的词句。但是要达到这两种境地——即完满诗人人格和完满诗的艺术——有什么方法呢？这个问题我本没有做过具体的研究，不过昨天同康君谈话当中偶然得了些感想，自己觉得还有趣味，所以写出来，请诸君看可用不可用。

现在先谈诗的形式的问题：诗的形式的凭借是文字，而文字能具有两种作用：（一）音乐的作用，文字中可以听出音乐式的节奏与协和；（二）绘画的作用，文字中可以表写出空间的形相与彩色。所以优美的诗中都含有音乐，含有图画。他是借着极简单的物质材料——纸上的字迹——表现出空间、时间中极复杂繁复的"美"。

那么，我们要想在诗的形式方面有高等技艺，就不可不学习点音乐与图画（以及一切造型艺术，如雕刻、建筑），使诗中的词句能适合天然优美的音节，使诗中的文字能表现天然画图的境界，况且图画本是空间中静的美，音乐是时间中动的美，而诗恰是用空间中闲静的形式——文字的排列——表现时间中变动的情绪、思想。所以我们对于诗，要使他的"形"能得有图画的形式的美，使诗的"质"（情绪、思想）能成音乐式的情调。

以上是我偶然间想的训练诗艺的途径，不知道对不对。以下再谈点诗人人格养成的方法。

康白情君主张多读书，这话不错。我所说的诗多与哲理接近也有这个意思。不过我以为读书穷理而外，还有两种活动是养成诗人人格所不可少的：

（一）在自然中活动。直接观察自然现象的过程，感觉自然的呼吸，窥测自然的神秘，听自然的音调，观自然的图画。风声、水声、松声、潮声，都是诗歌的乐谱。花草的精神，水月的颜色，都是诗意、诗境的范本。所以在自然中的活动是养成诗人人格的前提。因"诗的意境"就是诗人的心灵，与自然的神秘互相接触映射时造成的直觉灵感，这种直觉灵感是一切高等艺术产生的源泉，是一切真诗、好诗的（天才的）条件。

（二）在社会中活动。诗人最大的职责就是表写人性与自然，而人性最真切的表示，莫过于在社会中活动——人性的真相只能在行为中表示——所以诗人要想描写人类人性的真相，最好是自己加入社会活动，直接的内省与外观，以窥看人性纯真的表现。

以上三种——哲理研究，自然中活动，社会中活动——我觉得是养成健全诗人人格必由的途径。诸君以为如何？

总上所谈，撮要如下："诗"有形、质的两面，"诗人"有人、艺的两方。新诗的创造，是用自然的形式，自然的音节，表写天真的诗意与天真的诗境。新诗人的养成，是由"新诗人人格"的创造，新艺术的练习，写出健全的、活泼的、代表人性、人民性的新诗。

恋爱诗的问题

——致一岑

　　昨日接到6月1日报附文学旬刊39期杂谈内西谛先生提倡"憎厌之歌""悲怨之曲"，反对桃色雾的恋爱观。我自己的近来的诗虽多悲调，但对于西谛君这个意思，却不敢赞同。我觉得中国民族现代所需要的是"复兴"，不是颓废；是"建设"，不是"悲观"。向来一个民族将兴时代和建设时代的文学，大半是乐观的，向前的。有惠特曼雄放无前的伟大乐观，所以也有了美洲人少年勇进的建设气象。法国颓废派的文学不足以振兴法兰西的民气（西谛先生所指的悲怨之曲绝非颓废的文学，我深知道），而罗曼·罗兰的乐观文学于将来法国，将来的欧洲，必定有好影响。所以我极私心祈祷中国有许多乐观雄丽的诗歌出来，引我们泥涂中可怜的民族入于一种愉快舒畅的精神界。从这种愉快乐观的精神界里，才能养成向前的勇气和建设的能力呢！

　　德国民族现在所处的境地，可算得世界上最困苦、最可悲了，比起中国真差了十倍不止。但我遍搜它最近的文集诗歌，不看见一首关于时代的悲调。他们国民人人自信德国必定复兴。这种盲目的乐观，就是德国将来复兴唯一的基础。

中国民族老气太深，已经没有这种盲目的乐观了吗？我不相信。

至于恋爱的诗，我觉得少年人歌颂恋爱，老年人反对之。少年的民族亦然（中国的《诗经》及古歌谣，外国的古歌谣，波斯的Haiis）。我们现在愿自居少年的民族吗？老年的民族呢？

中国千百年来没有几多健全的恋爱诗了（我所说的恋爱诗自然是指健全的、纯洁的、真诚的）。所有一点恋爱诗不是悼亡、偷情，便是赠妓女。诗中晶髓神圣的恋爱诗，堕成这种烂污的品格，还不亟起革新，恢复我们纯洁的清泉吗？

我自己受了时代的悲观不浅，现在深自振作。我愿意在诗中多作"深刻化"，而不作"悲观化"；宁愿作"骂人之诗"，不作"悲怨之曲"。纯洁真挚的恋爱诗我尤愿多多提倡。

宗白华

7月9日柏林

团山堡读画记

　　前年盟军攻占罗马后，新闻记者去访问隐居在罗马近郊的哲学家桑达耶那（Santayana）。一位八十高龄的老人，仍然精神矍铄地探索着这人生之谜，不感疲倦。记者问他对这次世界大战的意见。罗马近郊是那么接近炮火的中心。桑达耶那悠然地答道："我已经多时没有报纸了，我现在常常生活在永恒的世界里！"

　　什么是这可爱可羡的永恒世界呢？

　　我这几年因避空袭——并不是避现实——住在柏溪对江大保附近的农家，在这狂涛骇浪的大时代中，我的生活却像一泓池沼，其照映着大保的松间明月，江上清风。我的心底深暗处永远潜伏一种渴望，渴望着热的生命，广大的世界。涓涓的细流企向着大海。

　　今年一个夏晚，司徒乔卿兄突然见访。阔别已经数年了，我忙问他别后的行踪。他说他这几年是"东南西北之人"，先到过中国的东南角，后游中国的西北角，从南海风光到沙漠情调，他心灵体验的广袤是既广且深，作画无数。我听了异常惊喜。我说我一定要来看你的创作，填补我这几年精神的寂寞。到了9月26日，我同吴子咸兄相约同往金刚坡团山堡去访司徒乔卿兼践傅抱石兄之宿约。不料团山堡四周风景直能入画。背面高峰入云，时隐时现，前面一望广阔，而远山如环，气象万千，不必南海塞北，即此已是他的"大海"了。入夜松际月出，尤为清寂。抱石来畅谈极乐。次晨，即求乔卿展示所作。因有一大部正副装裱，未获窥及全豹，颇为怅怅。然就所见，已深感乔卿兄视觉之深锐，兴趣之广博，技术之熟练，而尤令我满意的，是他能深深地体会和表现那原始意味的、纯朴的宗教情操。西北沙漠中这种最可宝贵、最可艳羡的笃厚的宗教情调，这浑朴的元气，真是够味。回看我们都会中那些心灵早已淘空了的行尸走肉，能不令人作呕！《晨祷》《大荒饮马》《马程归来》《天山秋水》《茶叙》《冰川归人》等等，他们的美，不只是在形象、色调、技法，而是在这一切里面透露的情调、气氛，丝毫不颓废的深情与活力。这是我们艺术所需要的，更是我们民族品德所需要的。所以我希望乔卿的画展，能发生精神教育的影响。

但乔卿既能画热情动人、活泼飞跃的舞女，引起我对生命的渴望，感到身体的节拍，而他又画得轻灵似梦、幽深如诗的美景，令人心醉，其味更为隽永。大概因为我们是东方人罢，对这《清静境》，对这《默》，尤对那幅《再会》，感到里面有说不尽的意味。画家在这里用新的构图、新的配色，写出我们心中永恒的最深的音乐；在这里，表面上似乎是新的形式，而骨子里是东方人悠古的世界感触。在这里，我怀疑乔卿受了他夫人伊湄的潜移默化，因为这里面颇具有着伊湄女士所写词集中的意境。据说伊湄女士是司徒先生每一创作最先的一个深刻的批评者。

　　我在团山堡画室里住了两夜，饱看山光云影，夜月晨曦，读乔卿的画，伊湄的词。第二天又去打扰傅抱石兄，欣赏他近年作品和夫人的烹调。一件意外的收获，就是得到一册司徒圆（乔卿的长女）从4岁到9岁所写的小诗，加上抱石兄的同样年龄的长子小石的插画，册名《浪花》，是郭沫若兄在政治部"四维"小丛书里出版的。这本小书里洋溢着天真的灵感，令人生最纯净的愉快。司徒圆四岁半在沪粤舟中写第一首小诗：

　　　浪花白，浪花美，
　　　朵朵浪花，朵朵白玫瑰。

　　天真的想象，天真的音调，天真的措辞，真是有味。又《大海水》一首：

　　　大海水，真怪气，
　　　雨来会生疮，风来会皱皮。

　　又《大雨》一首：

　　　大雨纷纷下，
　　　树木都很佩服他，
　　　树木不停地鞠躬，
　　　把腰弯到地下。

　　这里是童真的世界。这童真的世界是否就是桑达耶那所常住的永恒世界呢？

凤凰山读画记

1942年3月29日青年节，吕斯伯史来函约我到他画室里去看画，并说代邀李长之君同去。我们两人从容上道，爬上凤凰山顶，走近门口，这时吕斯伯兄同他的夫人迎着出来，邀我们直进他的画室，五六十张大大小小的油画，琳琅美满，虽然灰尘掩上了许多画面，但是掩盖不了它们内在的光芒。

斯伯的画，本也不是一见就令人得到刺激和兴奋的。他的画境，正像他的为人和性格，"静"和"柔"两字可以代表，静故能深，柔故能和。画中静境最不易到。静不是死亡，反而倒是甚深微妙的潜隐的无数的动，在艺术家超脱广大的心襟里显呈了动中有和谐、有韵律，因此虽动却显得极静。这个静里，不但潜隐着飞动，更有表示着意境的幽深。唯有深心人才能刊落纷华，直造深境幽境。陶渊明、王摩诘、孟浩然、韦苏州这些第一流大诗人的诗，都是能写出这最深的静境的。不能体味这个静境，可以说就不能深入中国古代艺术的堂奥！

我们看斯伯的每一张画，无论静物、画像、山水，都笼罩着一层恬静幽远而又和悦近人的意味，能令人同它们发生灵魂上的接触，得到灵魂上的安慰。你看他画的大油菜，简直是希腊庙堂境界：庄严、深厚、静穆，而暗示着生命的源泉。你看他瓶中野菊花，多么真实生动，巧夺天工，朵朵花都是作者的精思细察，而手上的笔角能够微妙地表出。他的橘柑：形的浑圆，色的流韵，把握到最深的实在，因而把握到实在里的诗。戴醇士（熙）说得好："画令人惊，不如令人喜；令人喜，不如令人思。"这个思，不是科学家的分析，而是哲人对世界静物之深切的体味。艺术家在掘发世界静物的形、色、线、体时，无意地获得物里面潜隐的真、善、美，因而使画境深而圆融，令人体味不尽。而物里面的"和谐"与"韵律"之启示，更是艺术家对人类最珍贵的赠予，我们现代生活里面有"和谐"吗？有"韵律"吗？

我爱斯伯画里面静而冷的境界，可以令人思，令人神凝意远，然而我更爱斯伯的静而有热的画，我称之为"嫩春境界"。他的几幅初春野景，色调的柔韵欲流，氛围的和雅明艳，令人心醉，如饮春风，如吸春胶。我心里暗中盼望它不全卖去，让我们这些朋友能够常到他画室里来流连欣赏！（听他说，他要在4月中旬，把他14年来的油画作品六七十幅，举行第一次的画展了。）

我和艺术

　　我与艺术相交忘情，艺术与我忘情相交，凡八十又六年矣，然而说起欣赏之经验，却甚寥寥。

　　在我看来，美学就是一种欣赏。美学，一方面讲创造，一方面讲欣赏。创造和欣赏是相通的。创造是为了给别人欣赏，起码是为了自己欣赏。欣赏也是一种创造，没有创造，就无法欣赏。60年前，我在《看了罗丹雕刻以后》里说过，创造者应当是真理的搜寻者，美乡的醉梦者，精神和肉体的劳动者。欣赏者又何尝不当如此？

　　中国有句古话，叫作"万物静观皆自得"。静故了群动，空故纳万境。艺术欣赏也需澡雪精神，进入境界。庄子最早提倡虚静，颇懂个中三昧，他是中国有代表性的哲学家中的艺术家。老子、孔子、墨子他们就做不到。庄子的影响大极了。中国古代艺术繁荣的时代，庄子思想就突出、就活跃，魏晋时期就是一例。晋人王戎云："情之所钟，正在我辈。"创造需炽爱，欣赏亦需钟情。记得20世纪30年代初，我在南京偶然购得隋唐佛头一尊，重数十斤，把玩终日，因有"佛头宗"之戏。是时悲鸿等好友亦交口称赞，爱抚不已。不久，南京沦陷，我所有书画、古玩荡然无存，唯此佛头深埋地底，得以幸存。今仍置于案头，满室生辉。这些年，年事渐高，兴致却未有稍减，一俟城内有精彩之文艺展，必拄杖挤车，一睹为快。今虽老态龙钟，步履维艰，犹不忍释卷，以冀卧以游之！

艺术趣味的培养，有赖于传统文化艺术的滋养。只有到了徽州，登临黄山，方可领悟中国之诗、山水、艺术的韵味和意境。我对艺术一往情深，当归功于孩童时所受的熏陶。我在《我和诗》一文中追溯过，我幼时对山水风景古刹有着发乎自然的酷爱。天空的游云和复成桥畔的垂柳，是我孩心最亲密的伴侣。风烟清寂的郊外，清凉山、扫叶楼、雨花台、莫愁湖是我同几个小伙伴每星期日步行游玩的目标。17岁一场大病之后，我扶着弱体到青岛去求学，那象征着世界和生命的大海，哺育了我生命里最富于诗境的一段时光……

艺术的天地是广漠阔大的，欣赏的目光不可拘于一隅。但作为中国的欣赏者，不能没有民族文化的根基。外头的东西再好，对我们来说，总有点隔膜。我在欧洲求学时，曾把达·芬奇和罗丹等的艺术当作最崇拜的诗，可后来还是更喜欢把玩我们民族艺术的珍品。中国艺术无疑是一个宝库！

多年以来，对欣赏一事，论者不多。《指要》一书，可谓难得。书中所论，亦多灼见。受编者深嘱，成此文字，是为序。

1983年9月10日

于北京大学未名湖畔

致柯一岑书

一岑兄：

你寄给颂华的信，被他的侍女无意中收拾去了。我没有读着。听颂华说，你问候我，我谢谢。又说你要我寄文章，我很惶恐。我在此过的生活，一半是印象的生活，一半是冲动的生活。印象从各方面来，杂不可理。冲动向各方面去，茫不可收。你要我从中整理出一篇文章，恐怕是不容易的，但是，我姑且把些杂乱的印象和感想，杂乱地写出来罢。

我在德国两年来受印象最深的，不是学术，不是政治，不是战后经济状况，而是德国的音乐。音乐直接地表现了人生的内容，一切人生精神界、命运界（即对世界的种种关系）各种繁复问题，都在音乐中得了超然的解脱和具体的表现。德国音乐本来深刻而伟大。Beethoven之雄浑，Mozart之俊逸，Wagner之壮丽，Grieg之清扬，都给我以无限的共鸣。尤其以Mozart的神笛，如同飞泉洒林端，萧逸出尘，表现了我深心中的意境。

德国全部的精神文化差不多可以说是音乐化了的。他的文学名著如G．Keller等的杰作，都是一曲一曲人生欢乐的悲歌。叔本华的世界观化入Wagner的诗剧，尼采的人生观谱成R．Strauss的《超人曲》，哲学也音乐化了，画家如Bocklin、Schwintters、Thoma等等，都谱音乐入山川人物之中。雕刻家Max Kliuger的最大杰作，音乐家Beethoven的石像。我常说，法国的文化是图画式的，德国的文化是音乐式的。

中国现代社会上的音乐，听了都使人消极生悲感，能刺激人的神经而不能发扬人的灵魂，真所谓亡国之音哀以思，以这种音乐表现这种民族精神，中国现在文化的地位可想而知了。中国旧文化中向来崇重音乐，以乐为教，则中国古乐之发达可知，然而，现在社会上音乐品格如此低下，真不是好现象。所以，我想中国的新文化中极需要几多谱乐家呢。

我以为在中国青年中有极可提倡的二事：（一）多做山水中徒步旅行；（二）多习点高尚些的音乐歌曲，里巷戏院中淫靡的歌词太坏，绝不可学，学了丧人志气，堕人品格，最好是取旧词旧曲中有高尚清雅及雄大壮丽的传习而普遍之，此事虽小，而关系青年的修养极大。青年纯洁的魂灵又是我们中国前途唯一的希望呢。

在报上见上海常有国画展览会的举行，是一极可喜事，不过，国画的艺术还不及音乐的普遍而深入。所以，我希望国内艺术青年对现在颓堕的音乐极力解放，对高尚的音乐尽力发扬。

近来《学灯》上颇具有好文章，我尤爱冰心女士的浪漫谈和诗，她的意境清远，思致幽深，能将哲理化入诗境，人格表现于艺术。她的《繁星》70首，真给了我许多的愉快和安慰。不过，我还祝她能永久保持着思致与情感的调和，不要哲理胜于诗意，回想多于直感。其次，滕固先生的《论散文诗》和《生涯之片断》都可爱。第二篇本就是他的散文的诗了。这类的诗，这类的散文，我希望能多多产生，多多发表，使我们宝爱的白话文学，真有固定的文学的价值。我这两年在德的生活，差不多是实际生活与学术并重，或者可以说是把二者熔于一炉了的。我听音乐，看歌剧，游图画院，流览山水的时间，占了三分之一，在街道里巷中散步，看社会上各种风俗人事及与德人交际，又占了三分之一，还余三分之一的时间看书。叔本华言哲学者应当在宇宙的大书中研究，我无此才能，愿意且在这欧土文化的大书中浏览一下，以为快意。但是这种博而寡要的研究，恐怕终是没有什么确实的效果。日前，我得着一位德国先生的信中说："德国前途的柱石，是一班现在不闻声息的劳工和专门的研究家。中国前途的柱石也是在此。"我听了真如当头棒喝，警省不少。所以，现在且收拾一切，仍从事冷静的积极的工作罢。

宗白华

4月17日

文艺与艺术的美好相遇

常人欣赏文艺的形式

　　人类第一流作家的文学或艺术，多半是所谓"雅俗共赏"的。像荷马、莎士比亚及歌德的文艺，拉斐尔的绘画，莫扎特的音乐，李白、杜甫的诗歌，施耐庵、曹雪芹的小说，不但是在文艺价值方面是属于第一流，就在读者及鉴赏者的数量方面也是数一数二的，为其他文艺作品所莫能及。这也就是说，它们具有相当的"通俗性"。不过它们的通俗性并不妨碍它们本身价值的伟大和风格的高尚，境界的深邃和思想的精微。所奇特的就是它们并不拒绝通俗，它们的普遍性、人间性造成它们作为人类的"典型的文艺"（Classical Arts）。

　　一切所谓典型的文艺都下意识地有几分适合于一般人，所谓"俗人"或"常人"的文艺欣赏的形式和要求。我们研究常人欣赏文艺的心理形态绝不含有看轻它的意味。反过来说，我们还正想从这里去了解世界第一流典型文艺的特点和构造。

　　但这人间第一流的文艺纵然是同时通俗，构成它们的普遍性和人间性，然而光是这个绝不能使它们成为第一流，它们必同时含藏着一层最深的意义与境界，以待千古的真正的知己。"前不见古人，后不见来者，念天地之悠悠，独怆然而涕下。"每个伟大文人和艺术都不免这孤寂的感觉。

德国现代艺术学者刘兹纳尔氏（Lützler）近著《艺术认识之形式》一书，内容描述"常人欣赏艺术的形式""艺术考古学对艺术的态度""形式主义的艺术观"及"形而上学的艺术观"等，分析精深，富有新思想。"常人欣赏艺术的形式"一部分尤为重要。这本是一个很有趣味的问题，我现在抽暇把他的主要思想介绍一下。

所谓"常人"，是指那天真朴素，没有受过艺术教育与理论，也没有文艺上任何主义及学说的成见的普通人。他们是古今一切文艺的最广大的读者和观众。文艺创作家往往虽看不起他们，但他自己的作品之能传布与保存还靠这无名的大众。

常人的朴素的宇宙观是一切宇宙观的基础，常人的艺术观也是一切艺术观的基本形式。常人的艺术观并不就等于儿童的艺术观。因为儿童中有所谓"神童"，他的艺术禀赋却在一般常人之上，像莫扎特之于音乐。而常人则不限于任何年龄。常人的艺术观也并不就等于所谓"平民的"。因为在社会的及教育的各阶级中都有艺术鉴赏上的"常人"。但常人的立场又不就等于"外行"，它只是一种天真的、自然的、朴质的、健康的，并不一定浅薄的对于文艺鉴赏的口味与态度。

常人在艺术欣赏的"形式"和"对象"方面，都表示一种特殊的立场与范围，这是值得注意而且是很有兴趣的。

在艺术欣赏的过程中，常人在形式方面是"不反省的""无批评的"，这就是说他在欣赏时，不了解、不注意一件艺术品之为艺术的特殊性。他偏向于艺术所表现的内容，境界与故事，生命的事迹，而不甚了解那创造的表现的"形式"。歌德说过：

内容人人看得见，涵义只有有心人得之，形式对于大多数人是一秘密。

至于常人所欣赏的对象的范围，则爱好那文艺中表现他们切身体验的生活范围以内的事物，或是他生活所迫切感到的缺陷与希求追想的幻境。对于常人"艺术真是人生的表现和人生的憧憬"。

所以常人真能了解及爱好的艺术，是那接触到他生活体验范围以内的生命表现，倒不在乎时代的今和古。古人的小说只要它所描写的生活情调与我们相近，就不嫌其古。今人的小说如果所描写得太新太奇，而没有抓住我们生活的体验内容，就会不为一般人所了解与欢迎。至于艺术"形式"方面、技术方面的艺术价值，则根本不为常人所注意与了解。他们的兴趣与感动都在活泼强烈的生命表现，尤其是切近自己生命内容的。常人对于他的现实世界以及他的艺术世界的关系表现以下三特点：

（一）常人眼中的一切都是具有生命的，一切是动，是变化，是同我们一样的生命。

（二）常人相信艺术中所表现的物象也是具有同样的生命。不唯宗教信徒相信神像是代表神灵，一般人也相信大艺术家能创造生命。各国古代都有关于画家、雕塑家的神话，相信他们的作品能代表真生命（顾恺之尝悦邻女，挑之弗从，图其形于壁，以针钉其心，女遂患心痛，告恺之拔去钉即愈）。小说中虚构的人物，往往成为民众信仰中真实的人格。

（三）常人尤爱以"人性"赋予万物。诗人、小孩、初民，这些十足的常人（人称歌德为人中的至人，也就是十足的常人），都相信"花能解语"，"西风是在树林间叹息"。

一言以蔽之，对于常人，艺术是"真实的摹写"，是"生命的表现"。而着重点尤在"真实"，在"生命"，并不在摹写与表现。技术在他是门外汉，"形式"在他更是微妙不可把握的神秘，至多也是心知其美而口不能言。他所能把握、所能感受刺激引起兴奋的，是那活泼的、真实的、丰富的、生命的表现。他们虚心地期待着、接受着这"感动"，以安慰自己的生命，充实自己的生命。至于这"生命的表现"，是如何地经过艺术家的匠心而完成的，借着如何微妙的形式而表现出来，这不是他所注意，也不是他所能了解的。他是笔直地穿过那艺术的形式——艺术家的匠心——而虚怀地接受那里面的生命表现。这生命的表现动摇他、刺激他，使他悲，使他喜，使他共鸣，使他陶醉。这是对于他的生命有关，这是他的真实，他的真理。能满足这要求的艺术是好的艺术。不符合他这真理的艺术，就引起他的惊异而认为不满。常人在艺术的理想上是天生的"自然主义者""写实主义者"。但是人生是矛盾的，常人的艺术心理也是矛盾的。他要求现实，但同时也要求"奇迹"，憧憬于幻景。他不仅是要求一幅山水，可以供他的卧游。他更幻想着诡奇的神话的境界。中国通俗文学如《水浒》《红楼梦》《三国演义》都在写实的故事中掺杂些神话与奇迹在里面。这正符合常人的文艺欣赏的形式。歌德也曾说过："平凡的要和那不可能的很美丽地交织着。"

说到这里的是论述常人对于艺术的内容方面的天然的倾向。现在再谈一谈常人对于艺术的形式方面潜伏的要求。（在此可了解古典的艺术形式，是很迎合这心理形式的。）

（一）常人要求一件艺术品，无论是绘画、雕刻、建筑，在形式结构上要条理清楚，章法井然，俾人一目了然，易于接受，符合心理经济的原则。

（二）然而艺术的内容——那生命的表现——却须在这"形式"里面渲染得鲜艳动人，热闹紧张，富有刺激性，为悲剧，为喜剧，引人入胜。

所以通俗的文艺作品都喜欢描述情节丰富、动作紧张，渲染刺激的内容。荷马的史诗，日耳曼的《尼伯龙根歌》（Nihelungen Lied），中国最好的小说《水浒传》《红楼梦》等都是未能免俗，其内容都是最丰富最热闹最紧张的人生描写。

根本上通俗文艺的主体是神话故事、英雄史诗与小说。在绘画、雕刻方面，也趋向历史的宗教的社会的人生描写。山水画与抒情诗是知识阶层的创造与享受。

总而言之，常人要求的文学艺术是写实的，是反映生活的体验与憧憬的。然而这个"现实"却须笼罩在一幻想的诡奇的神光中。

论文艺的空灵与充实

周济（止庵）《宋四家词选》里论作词云："初学词求空，空则灵气往来！既成格调，求实，实则精力弥满。"

孟子曰："充实之谓美。"

从这两段话里可以建立一个文艺理论，试一述之：先看文艺是什么。画下面一个图来说明：

一切生活部门都有技术方面，想脱离苦海求出世间法的宗教家，当他修行证果的时候，也要有程序、步骤、技术，何况

物质生活方面的事件？技术直接处理和活动的范围是物质界。它的成绩是物质文明，经济建筑在生产技术的上面，社会和政治又建筑在经济上面。然经济生产有待于社会的合作和组织，社会的推动和指导有待于政治力量。政治支配着社会，调整着经济，能主动，不必尽为被动的。这因果作用是相互的。政与教又是并肩而行，领导着全体的物质生活和精神生活。古代政教合一，政治的领袖往往同时是大教主、大祭师。现代政治必须有主义做基础，主义是现代人的宇宙观和信仰。然而信仰已经是精神方面的事，从物质界、事务界伸进精神界了。

人之异于禽兽者有理性、有智慧，他是知行并重的动物。知识研究的系统化，成科学。综合科学知识和人生智慧建立宇宙观、人生观，就是哲学。

哲学求真，道德或宗教求善，介乎二者之间表达我们情绪中的深境和实现人格的谐和的是"美"。

文学艺术是实现"美"的。文艺从它左邻"宗教"获得深厚热情的灌溉，文学艺术和宗教携手了数千年，世界最伟大的建筑雕塑和音乐多是宗教的。第一流的文学作品也基于伟大的宗教热情。《神曲》代表着中古的基督教。《浮士德》代表着近代人生的信仰。

文艺从它的右邻"哲学"获得深隽的人生智慧、宇宙观念，使它能执行"人生批评"和"人生启示"的任务。

艺术是一种技术，古代艺术家本就是技术家（手工艺的大匠）。现代及将来的艺术也应该特重技术。然而他们的技术不只是服役于人生（像工艺）而是表现着人生，流露着情感个性和人格的。

生命的境界广大，包括经济、政治、社会、宗教、科学、哲学。这一切都能反映在文艺里。然而文艺不只是一面镜子，映现着世界，且是一个独立的自足的形相创造。它凭着韵律、节奏、形式的和谐、彩色的配合，成立一个自己的有情有相的小宇宙；这宇宙是圆满的、自足的，而内部一切都是必然性的，因此是美的。

文艺站在道德和哲学旁边能并立而无愧。它的根基却深深地植在时代的技术阶段和社会政治的意识上面，它要有土腥气，要有时代的血肉，纵然它的头须伸进精神的、光明的、高超的天空，指示着生命的真谛，宇宙的奥境。

文艺境界的广大，和人生同其广大；它的深邃，和人生同其深邃，这是多么丰富、充实！孟子曰："充实之谓美。"这话当作如是观。

然而它又需超凡入圣，独立于万象之表，凭它独创的形相，范铸一个世界，冰清玉洁，脱尽尘滓，这又是何等空灵！

空灵和充实是艺术精神的两元，先谈空灵！

空灵

艺术心灵的诞生，在人生忘我的一刹那，即美学上所谓"静照"。静照的起点在于空诸一切，心无挂碍，和世务暂时绝缘。这时一点觉心，静观万象，万象如在镜中，光明莹洁，而各得其所，呈现着它们各自的充实的、内在的、自由的生命，所谓万物静观皆自得。这自得的、自由的各个生命在静默里吐露光辉。苏东坡诗云：

静故了群动，空故纳万境。

王羲之云：

在山阴道上行，如在镜中游。

空明的觉心，容纳着万境，万境浸入人的生命，染上了人的性灵。所以周济说："初学词求空，空则灵气往来。"灵气往来是物象呈现着灵魂生命的时候，是美感诞生的时候。

所以美感的养成在于能空，对物象造成距离，使自己不沾不滞，物象得以孤立绝缘，自成境界：舞台的帘幕，图画的框廓，雕像的石座，建筑的台阶、栏杆，诗的节奏、韵脚，从窗户看山水，黑夜笼罩下的灯火街市，明月下的幽淡小景，都是在距离化、间隔化条件下诞生的美景。

李方叔词《虞美人》过拍云："好风如扇雨如帘，时见岸花汀草，涨痕添。"

李周隐词："画檐簪柳碧如城，一帘风雨里，近清明。"

风风雨雨也是造成间隔化的好条件，一片烟水迷离的景象是诗境，是画意。

中国画堂的帘幕是造成深静的语境的重要因素，所以词中常爱提到。韩持国词云：

燕子渐归春悄，帘幕垂清晓。

况周颐评之曰："境至静矣，而此中有人，如隔蓬山，思之思之，遂由浅而见深。"

董其昌曾说："摊烛下作画，正如隔帘看月，隔水看花！"他们懂得"隔"字在美感上的重要。

然而这还是依靠外界物质条件造成的"隔"。更重要的还是心灵内部方面的"空"。司空图《诗品》里形容艺术的心灵当如"空潭泻春，古镜照神"，形容艺术人格为"落花无言，人淡如菊""神出古异，淡不可收"。艺术的造诣当"遇之匪深，即之愈稀""遇之自天，泠然希音"。

精神的淡泊，是艺术空灵化的基本条件。欧阳修说得最好："萧条淡泊，此难画之意，画家得之，览者未必识也。故飞动迟速，意浅之物易见，而闲和严静，趣远之心难形。"萧条淡泊，闲和严静，是艺术人格的心襟气象。这心襟、这气象能令人"事外有远致"，艺术上的神韵油然而生。陶渊明所爱的"素心人"，指的是这境界。他的一首《饮酒》诗更能表出诗人这方面的精神形态：

结庐在人境，而无车马喧。
问君何能尔，心远地自偏。
采菊东篱下，悠然见南山。
山气日夕佳，飞鸟相与还。
此中有真意，欲辨已忘言。

陶渊明爱酒，晋人王蕴说："酒正使人人自远。""自远"是心灵内部的距离化。

然而"心远地自偏"的陶渊明才能"悠然见南山"，并且体会到"此中有真意，欲辨已忘言"。可见艺术境界中的"空"并不是真正的空，乃是由此获得"充实"，由"心远"接近到"真意"。

晋人王荟说得好，"酒正引人著胜地"，这使人人自远的酒正能引人著胜地。这胜地是什么？不正是人生的广大、深邃和充实？于是谈"充实"！

充实

尼采说艺术世界的构成由于两种精神：一是"梦"，梦的境界是无数的形象（如雕刻）；一是"醉"，醉的境界是无比的豪情（如音乐）。这豪情使我们体验到生命里最深的矛盾、广大的复杂的纠纷；"悲剧"是这壮阔而深邃的生活的具体表现。所以西洋文艺顶推重悲剧。悲剧是生命充实的艺术。西洋文艺爱气象宏大、内容丰满的作品。荷马、但丁、莎士比亚、塞万提斯、歌德，直到近代的雨果、巴尔扎克、司汤达、托尔斯泰等，莫不启示一个悲壮而丰实的宇宙。

歌德的生活经历着人生各种境界，充实无比。杜甫的诗歌最为沉着深厚而有力，也是由于生活经验的充实和情感的丰富。

周济论词空灵以后主张："求实，实则精力弥满。精力弥满则能赋情独深，冥发妄中，虽铺叙平淡，摹绘浅近，而万感横集，五中无主，读其篇者，临渊窥鱼，意为鲂鲤，中宵惊电，罔识东西，赤子随母啼笑，乡人缘剧喜怒。"这话真能形容一个内容充实的创作给我们的感动。

司空图形容这壮硕的艺术精神说："天风浪浪，海山苍苍。真力弥满，万象在旁。""返虚入浑，积健为雄。""生气远出，不著死灰。妙造自然，伊谁与裁。""是有真宰，与之浮沉。""吞吐大荒，由道反气。""与道适往，著手成春。""行神如空，行气如虹！"艺术家精力充实，气象万千，艺术的创造追随真宰的创造。

黄子久（元代大画家）终日只在荒山乱石、丛木深篠中坐，意态忽忽，人不测其为何。又每往泖中通海处看急流轰浪，虽风雨骤至，水怪悲诧而不顾。

他这样沉酣于自然中的生活，所以他的画能"沉郁变化，与造化争神奇"。六朝时宗炳曾论作画云"万趣融其神思"，不是画家这丰富心灵的写照吗？

中国山水画趋向简淡，然而简淡中包具无穷境界。倪云林画一树一石，千岩万壑不能过之。恽南田论元人画境中所含丰富幽深的生命，说得最好：

元人幽秀之笔，如燕舞飞花，揣摹不得；如美人横波微盼，光彩四射，观者神惊意丧，不知其何以然也。
元人幽亭秀木自在化工之外一种灵气。唯其品若天际冥鸿，故出笔便如哀弦急管，声情并集，非大地欢乐场中可得而拟议者也。

哀弦急管，声情并集，这是何等繁复热闹的音乐，不料能在元人一树一石、一山一水中体会出来，真是不可思议。元人造诣之高和南田体会之深，都显出中国艺术境界的最高成就！然而元人幽淡的境界背后，仍潜隐着一种宇宙豪情。南田说："群必求同，求同必相叫，相叫必于荒天古木，此画中所谓意也。"

相叫必于荒天古木，这是何等沉痛超迈深邃热烈的人生情调与宇宙情调？这是中国艺术心灵里最幽深、悲壮的表现了罢？

叶燮在《原诗》里说："可言之理，人人能言之，又安在诗人之言之；可征之事，人人能述之，又安在诗人之述之，必有不可言之理，不可述之事，遇之于默会意象之表，而理与事无不灿然于前者也。"

这是艺术心灵所能达到的最高境界！由能空、能舍，而后能深、能实，然后宇宙生命中一切理一切事，无不把它的最深意义灿然呈露于前。"真力弥满"，则"万象在旁"，"群籁虽参差，适我无非新"（王羲之诗）。

综上所述，可见中国文艺在空灵与充实两方都曾尽力，达到极高的成就。所以中国诗人尤爱把森然万象映射在太空的背景上，境景丰实空灵，像一座灿烂的星天！

王维诗云："徒然万象多，澹尔太虚缅。"

韦应物诗云："万物自生听，太空恒寂寥。"

略论文艺与象征

　　诗人艺术家在这人世间，可具两种态度：醉和醒。醒者张目人间，寄情世外，拿极客观的胸襟"漱涤万物，牢笼百态"（柳宗元语），他的心像一面清莹的镜子，照射到街市沟渠里面的污秽，却同时也映着天光云影，丽日和风！世间的光明与黑暗，人心里的罪恶与圣洁，一体显露，并无差等。所谓"赋家之心，包括宇宙"，人情物理，体会无遗。英国的莎士比亚，中国的司马迁，都会留下"一个世界"给我们，使我们体味不尽。他们的"世界"虽是匠心的创造，却都是具有真情实理，生香活色，与自然造化一般无二。

　　然而他们究竟是大诗人，诗人具有别材别趣，尤贵具有别眼。包括宇宙的赋家之心反射出的仍是一个"诗心"所照临的世界。这个世界尽管十分客观，十分真实，十分清醒，终究蒙上了一层诗心的温情和智慧的光辉，使我们读者走进一个较现实更清朗、更生动、更深厚的富于启发性的世界。

　　所以诗人善醒，他能透彻人情物理，把握世界人生真境实相，散布着智慧，那由深心体验所获得的晶莹的智慧。

但诗人更要能醉，能梦。由梦由醉诗人方能暂脱世俗，超俗凡近，深深地深深地坠入这世界人生的一层变化迷离、奥妙惝恍的境地。《古诗十九首》，凿空乱道，归趣难穷，读之者回顾踌躇，百端交集，茫茫宇宙，渺渺人生，念天地之悠悠，独怆然而涕下；一种无可奈何的情绪，无可表达的沉思，无可解答的疑问，令人愈体愈深，文艺的境界邻近到宗教境界（欲解脱而不得解脱，情深思苦的境界）。

这样一个因体会之深而难以言传的境地，已不是明白清醒的逻辑文体所能完全表达。醉中语有醒时道不出的。诗人艺术家往往用象征的（比兴的）手法才能传神写照。诗人于此凭虚构象，象乃生生不穷；声调、色彩、景物，奔走笔端，推陈出新，迥异常境。戴叔伦说："诗家之景，如蓝田日暖，良玉生烟，可望而不可置于眉睫之前也。"可望而不可置于眉睫之前，就是说艺术的艺境要和吾人具相当距离，迷离惝恍，构成独立自足、刊落凡近的美的意象，才能象征那难以言传的深心里的情和境。

所以最高的文艺表现，宁空毋实，宁醉毋醒。西洋最清醒的古典意境，古希腊雕刻，也要在圆浑的肉体上留有清癯而不十分充满的境地，让人们心中手中波动一痕相思和期待。阿波罗神像在他极端清朗秀美的面庞上，仍流动着沉沉的梦意在额眉眼角之间。

杜甫诗云："篇终接混茫"，有尽的艺术形象，须映在"无尽"的和"永恒"的光辉之中，"言在耳目之内，情寄八荒之表"。一切生灭相，都是"永恒"的和"无尽"的象征。屈原、阮籍、左太冲、李白、杜甫，都曾登高远望，情寄八荒。陶渊明诗云："愿言蹑清风，高举寻吾契"，也未尝没有这"登高望所思"（阮籍诗句）的浪漫情调。但是他又说："即事如已高，何必升华嵩？"这却是儒家的古典精神。这和他的"结庐在人境，而无车马喧"，同样表现出他那"即平凡即圣境"的深厚的人生情趣。无怪他"即事多所欣"，而深深地了解孔颜的乐处。

中国的诗人、画家善于体会造化自然的微妙的生机动态。徐迪功所谓"朦胧萌坼，混沌贞粹"的境界，画家发明水墨法，是想追蹑这朦胧萌坼的神化的妙境。米友仁（宋画家）自题《潇湘图》："夜雨欲霁，晓烟既泮，则其状类若此。"韦苏州（唐诗人）诗云："微雨夜来过，不知春草生。"这都能深入造化之"几"，而以诗画表露出来。这种境界是深静的，是哲理的，是偏于清醒的，和《古诗十九首》的苍茫踌躇，百端交集，大不相同。然而同是人生的深境，同需要象征手法才能表达出来。

清初叶燮在《原诗》里说得好："要之，作诗者实写理、事、情。可以言言，可以解解，即为俗儒之作。惟不可名言之理，不可施见之事，不可径达之情，则幽眇以为理，想象以为事，惝恍以为情，方为理至、事至、情至之语。"又说："可言之理，人人能言之，又安在诗人之言之；可征之事，人人能述之，又安在诗人之述之，必有不可言之理，不可述之事，遇之于默会意象之表，而理与事无不灿然于前者也。"

他这话已经很透彻地说出文艺上象征境界的必要，以及它的技术，即"幽眇以为理，想象以为事，惝恍以为情"，然后运用声调、辞藻、色彩，巧妙地烘染出来，使人默会于意象之表，寄托深而境界美。

哲学与艺术

——希腊大哲学家的艺术理论

形式与心灵表现

艺术有"形式"的结构，如数量的比例（建筑）、色彩的和谐（绘画）、音律的节奏（音乐），使平凡的现实超入美境。但这"形式"里面也同时深深地启示了精神的意义、生命的境界、心灵的幽韵。

艺术家往往倾向以"形式"为艺术的基本，因为他们的使命是将生命表现于形式之中，而哲学家则往往静观领略艺术品里心灵的启示，以精神与生命的表现为艺术的价值。

希腊艺术理论的开始就分这两派不同的倾向。克山罗风（Xenophon）在他的回忆录中记述苏格拉底（Socrates）曾经一次与大雕刻家克莱东（Kleiton）的谈话，后人推测就是指波里克勒（Polycrate）。当这位大艺术家说出"美"是基于数与量的比例时，这位哲学家就很怀疑地问道："艺术的任务恐怕还是在表现出心灵的内容罢？"苏格拉底又希望从画家拔哈希和斯（Parrhasios）知道艺术家用何手段能将这有趣的、窈窕的、温柔的、可爱的心灵神韵表现出来。苏格拉底所重视的是艺术的精神内涵。

但希腊的哲学家未尝没有以艺术家的观点来看这宇宙的。宇宙（Cosmos）这个名词在希腊就包含着"和谐、数量、秩序"等意义。毕达哥拉斯（Pythagoras，希腊大哲）以"数"为宇宙的原理。当他发现音之高度与弦之长度成为整齐的比例时，他将何等地惊奇感动，觉着宇宙的秘密已在他面前呈露：一面是"数"的永久定律，一面即是至美和谐的音乐。弦上的节奏即是那横贯全部宇宙之和谐的象征！美即是数，数即是宇宙的中心结构，艺术家是探乎于宇宙的秘密的！

但音乐不只是数的形式的构造，也同时深深地表现了人类心灵最深最秘处的情调与律动。音乐对于人心的和谐、行为的节奏，极有影响。苏格拉底是个人生哲学者，在他是人生伦理的问题比宇宙本体问题还更重要。所以他看艺术的内容比形式尤为要紧。而西洋美学中形式主义与内容主义的争执，人生艺术与唯美艺术的分歧，已经从此开始。但我们看来，音乐是形式的和谐，也是心灵的律动，一镜的两面是不能分开的。心灵必须表现于形式之中，而形式必须是心灵的节奏，就同大宇宙的秩序定律与生命之流动演进不相违背，而同为一体一样。

原始美与艺术创造

艺术不只是和谐的形式与心灵的表现，还有自然景物的描摹。"景""情""形"是艺术的三层结构。毕达哥拉斯以宇宙的本体为纯粹数的秩序，而艺术如音乐是同样地以"数的比例"为基础，因此艺术的地位很高。苏格拉底以艺术有心灵的影响而承认它的人生价值。而大哲柏拉图则因艺术是描摹自然影像而贬斥之。他以为纯粹的美或"原始的美"是居住于纯粹形式的世界，就是万象之永久典范，所谓观念世界。美是属于宇宙本体的。（这一点上与毕达哥拉斯同义。）真、善、美是居住在一处，但它们的处所是超越的、抽象的、纯精神性的，只有从感官世界解脱了的纯洁心灵才能接触它。我们感官所经验的自然现象，是这真实世界的影像。艺术是描摹这些偶然的变幻的影子，它的材料是感官界的物质，它的作用是感官的刺激。所以艺术不唯不能引着我们达到真理，止于至善，且是一种极大的障碍与蒙蔽。它是真理的"走形"，真形的"曲影"。柏拉图根据他这种形而上学的观点贬斥艺术的价值，推崇"原始美"。我们设若要挽救艺术的价值与地位，也只有证明艺术不是专造幻象以娱人耳目，它反而是宇宙万物真相的阐明、人生意义的启示。证明它所表现的正是世界的真实的形象，然后艺术才有它的庄严、有它的伟大使命。不是市场上贸易肉感的货物，如柏拉图所轻视、所排斥的。（柏氏以后的艺术理论是走的这条路。）

艺术家在社会上的地位

柏拉图这样的看轻艺术，贱视艺术家，甚至要把他们排斥于他的理想共和国之外，而柏拉图自己在他的语录文章里却表示了他是一位大诗人，他对于大宇宙的美是极其了解，极热烈地崇拜的。另一方面我们看见希腊的伟大雕刻与建筑确是表现了最崇高、最华贵、最静穆的美与和谐。真是宇宙和谐的象征，并不仅是感官的刺激，如近代的颓废的艺术。而希腊艺术家会遭这位哲学家如此的轻视，恐怕总有深一层的理由罢！第一点，希腊的哲学是世界上最理性的哲学，它是扫开一切传统的神话——希腊的神话是何等优美与伟大——以寻求纯粹论理的客观真理。它发现了物质原子与数量关系是宇宙构造最合理的解释（数理的自然科学不产生于中国、印度，而产于欧洲，除社会条件外，实基于希腊的唯理主义，它的逻辑与几何）。于是那些以神话传说为题材，替迷信作宣传的艺术与艺术家，自然要被那努力寻求清明智慧的哲学家如柏拉图所厌恶了。真理与迷信是不相容的。第二点，希腊的艺术家在社会上的地位，是被上层阶级所看不起的手工艺者、卖艺糊口的劳动者、丑角、说笑者。他们的艺术虽然被人赞美尊重，而他们自己的人格与生活是被人视为丑恶缺憾的（戏子在社会上的地位至今还被人轻视）。古希腊文豪留奇安（Lucian）描写雕刻家的命运说："你纵然是个飞达亚斯（Phidias）或波里克勒（古希腊两位最大的艺术家），创造许多艺术上的奇迹，但欣赏家如果心地明白，必定只赞美你的作品而不羡慕做你的同类，因你终是一个贱人、手工艺者、职业的劳动者。"原来希腊统治阶级的人生理想是一种和谐、雍容、不事生产的人格，一切职业的劳动者为专门职业所拘束，不能让人格有各方面圆满和谐的成就。何况艺术家在礼教社会里面被认为是一班无正业的堕落者、颓废者、纵酒好色、佯狂玩世的人（天才与疯狂也是近代心理学感到兴味的问题）。希腊最大诗人荷马在他的伟大史诗里描绘了一个光彩灿烂的人生与世界，而他的后世却想象他是忘了目的。赫发斯陀（Hephastos）是希腊神们中间的艺术家的祖宗，但却是最丑的神！

艺术与艺术家在社会上为人重视，须经过三种变化：（一）柏拉图的大弟子亚里士多德的哲学给予艺术以较高的地位。他以为艺术的创造是模仿自然的创造。他认为宇宙的演化是由物质走向形式，就像希腊的雕刻家在一块云石里幻现成人体的形式。所以他的宇宙观已经类似艺术家的。（二）人类轻视职业的观念逐渐改变，尤其将艺术家从匠工的地位提高。希腊末期哲学家普罗亭诺斯（Plotinos）发现神灵的势力于艺术之中，艺术家的创造若有神助。（三）但直到文艺复兴的时代，艺术家才被人尊重为上等人物，而艺术家也须研究希腊学问，解剖学与透视学。学院的艺术家开始产生，艺术家进大学有如一个学者。

但学院里的艺术家离开了他的自然与社会的环境，忽视了原来的手工艺，却不一定是艺术创作上的幸福。何况学院主义往往是没有真生命、真气魄的，往往是形式主义的。真正的艺术生活是要与大自然的造化默契，又要与造化争强的生活。文艺复兴的大艺术家也参加政治的斗争。现实生活的体验才是艺术灵感的源泉。

中庸与净化

宇宙是无尽的生命、丰富的动力，但它同时也是严整的秩序、圆满的和谐。在这宁静和雅的天地中生活着的人们却在他们的心胸里汹涌着情感的风浪、意欲的波涛。但是人生若欲完成自己，止于完善，实现他的人格，则当以宇宙为模范，求生活中的秩序与和谐。和谐与秩序是宇宙的美，也是人生美的基础。达到这种"美"的道路，在亚里士多德看来就是"执中""中庸"。但是中庸之道并不是庸俗一流，并不是依违两可、苟且的折中，乃是一种不偏不倚的毅力、综合的意志，力求取法乎上、圆满地实现个性中的一切而得和谐。所以中庸是"善的极峰"，而不是善与恶的中间物。大勇是怯弱与狂暴的执中，但它宁愿近于狂暴，不愿近于怯弱。青年人血气方刚，偏于粗暴。老年人过分考虑，偏于退缩。中年力盛时的刚健而温雅方是中庸。它的以前是生命的前奏，它的以后是生命的尾声，此时才是生命丰满的音乐。这个时期的人生才是美的人生，是生命美的所在。希腊人看人生不似近代人看作演进的、发展的、向前追求的、一个戏本中的主角滚在生活的漩涡里，奔赴他的命运。希腊戏本中的主角是个发达在最强盛时期的、轮廓清楚的人格，处在一种生平唯一的伟大动作中。他像一座希腊的雕刻。他是一切都了解，一切都不怕，他已经奋斗过许多死的危险。现在他是态度安详、不矜不惧地应付一切。这种刚健清明的美是亚里士多德的美的理想。美是丰富的生命在和谐的形式中。美的人生是极强烈的情操在更强毅的善的意志统率之下。在和谐的秩序里面是极度的紧张，回旋着力量，满而不溢。希腊的雕像、希腊的建筑、希腊的诗歌以至希腊的人生与哲学不都是这样？这才是真正的有力的"古典的美！"

　　美是调解矛盾以超入和谐，所以美对于人类的情感冲动有"净化"的作用。一幕悲剧能引着我们走进强烈矛盾的情绪里，使我们在幻境的同情中深深体验日常生活所不易经历到的情境，而剧中英雄因殉情而宁愿趋于毁灭，使我们从情感的通俗化中感到超脱解放，重尝人生深刻的意味。全剧的结果——即英雄在挣扎中殉情的毁灭——有如阴霾沉郁后的暴雨淋漓，反使我们痛快地重睹青天朗日。空气干净了，大地新鲜了，我们的心胸从沉重压迫的冲突中恢复了光明愉快的超脱。

亚里士多德的悲剧论从心理经验的立场研究艺术的影响，不能不说是美学理论上的一大进步，虽然他所根据的心理经验是日常的。他能注意到艺术在人生上净化人格的效用，将艺术的地位从柏拉图的轻视中提高，使艺术从此成为美学的主要对象。

艺术与模仿自然

一个艺术品里形式的结构，如点、线之神秘的组织，色彩或音韵之奇妙的谐和，与生命情绪的表现交融组合成一个"境界"。每一座巍峨崇高的建筑里是表现一个"境界"，每一曲悠扬清妙的音乐里也启示一个"境界"。虽然建筑与音乐是抽象的形或音的组合，不含有自然真景的描绘，但图画、雕刻、诗歌、小说、戏剧里的"境界"则往往寄托在景物的幻现里面。模范人体的雕刻，写景如画的荷马史诗是希腊最伟大、最中心的艺术创造，所以柏拉图与亚里士多德两位希腊哲学家都说模仿自然是艺术的本质。

但两位对"自然模仿"的解释并不全同，因此对艺术的价值与地位的意见也两样。柏拉图认为人类感官所接触的自然乃是"观念世界"的幻影。艺术又是描摹这幻影世界的幻影，所以在求真理的哲学立场上看来是毫无价值、徒乱人意、刺激肉感。亚里士多德的意见则不同。他看这自然界现象不是幻影，而是一个个生命的形体。所以模仿它、表现它，是种有价值的事，可以增进知识而表示技能。亚里士多德的模仿论确是有他当时经验的基础。希腊的雕刻、绘画，如中国古代的艺术原本是写实的作品。它们生动如真的表现，流传下许多神话传说。米龙（Myron）雕刻的牛，引动了一个活狮子向它跃搏，一只小牛要向它吸乳，一个牛群要随着它走，一位牧童遥望掷石击之，想叫它走开，一个偷儿想顺手牵去。啊，米龙自己也几乎误认它是自己牛群里的一头。

希腊的艺术传说中赞美一件作品大半是这样的口吻（中国何尝不是这样？）。艺术以写物生动如真为贵。再述一个关于画家的传说。有两位大画家竞赛。一位画了一枝葡萄，这样的真实，引起飞鸟来啄它。但另一位走来在画上加绘了一层纱幕盖上，以致前画家回来看见时伸手欲将它揭去（中国传说中东吴画家曹不兴尝为孙权画屏风，误发笔点素，因就以作蝇，既而进呈御览，孙权以为生蝇，举手弹之）。这种写幻如真的技术是当时艺术所推重。亚里士多德根据这种事实说艺术是模仿自然，也不足怪了。何况人类本有模仿冲动，而难能可贵的写实技术也是使人惊奇爱慕的呢。

但亚里士多德的学说不以此篇为满足。他不仅是研究"怎样的模仿"，他还要研究模仿的对象。艺术可就三方面来观察：（一）艺术品制作的材料，如木、石、音、字等；（二）艺术表现的方式，即如何描写模仿；（三）艺术描写的对象。但艺术的理想当然是用最适当的材料，在最适当的方式中，描摹最美的对象。所以艺术的过程终归是形式化，是一种造型。就是大自然的万物也是由物质材料创造千形万态的生命形体。

艺术的创造是"模仿自然创造的过程"（即物质的形式化）。艺术家是个小造物主，艺术品是个小宇宙。它的内部是真理，就同宇宙的内部是真理一样。所以亚里士多德有一句很奇异的话："诗是比历史更哲学的。"这就是说诗歌比历史学的记载更近于真理。因为诗是表现人生普遍的情绪与意义，史是记述个别的事实；诗所描述的是人生情理中的必然性，历史是叙述时空中事态的偶然性。文艺的事是要能在一件人生个别的姿态行动中，深深地表露出人心的普遍定律（比心理学更深一层、更为真实的启示。莎士比亚是最大的人心认识者）。艺术的模仿不是徘徊于自然的外表，乃是深深透入真实的必然性。所以艺术最邻近于哲学，它是达到真理、表现真理的另一道路，它使真理披了一件美丽的外衣。

　　艺术家对于人生、对于宇宙因有着最虔诚的"爱"与"敬"，从情感的体验发现真理与价值，如古代大宗教家、大哲学家一样，而与近代由于应付自然，利用自然，而研究分析自然之科学知识根本不同，一则以庄严敬爱为基础，一则以权力意志为基础。柏拉图虽阐明真知由"爱"而获证入，但未注意伟大的艺术是在感官直觉的现量境中领悟人生与宇宙的真境，再借感觉界的对象表现这种真实。但感觉的境界欲作真理的启示须经过"形式"的组织，否则是一堆零乱无系统的印象（科学知识亦复如是）。艺术的境界是感官的，也是形式的。形式的初步是"复杂中的统一"。所以亚里士多德已经谈到这个问题。艺术是感官对象。但普通的日常实际生活中感觉的对象是一个个与人发生交涉的物体，是刺激人欲望心的物体。然而艺术是要人静观领略，不生欲心的。所以艺术品须能超脱实用关系之上，自成一形式的境界，自织成一个超然自在的有机体，如一曲音缥缈于空际，不落尘网。这个艺术的有机体对外是一独立的"统一形式"，在内是"力的回旋"，丰富复杂的生命表现。于是艺术在人生中自成一世界，自有其组织与启示，与科学、哲学等并立而无愧。

艺术与艺术家

艺术与艺术家在人生与宇宙的地位因亚里士多德的学说而提高了。飞达亚斯（Phidias）雕刻宙斯（Zeus）神像，是由心灵里创造理想的神境，不是模仿刻画一个自然的物像。艺术之创造是艺术家由情绪的全人格中发现超越的真理真境，然后在艺术的神奇的形式中表现这种真实，不是追逐幻影，娱人耳目。这个思想是自圣奥古斯丁（Augustin）、斐奇路斯（Ficinus）、卜罗洛（Bruno）、歇福斯卜莱（Shafesbury）、温克尔曼（Winckelman）等以来认为近代美学上共同的见解了。但柏拉图轻视艺术的理论，在希腊的思想界确有权威。希腊末期的哲学家普罗亭诺斯就是徘徊在这两种不同的见解中间。他也像柏拉图以为真、美是绝对的、超越的存在于无迹的真界中，艺术家须能超拔自己观照到这超越形相的真、美，然后才能在个别的具体的艺术作品中表现得真、美的幻影。艺术与这真、美境界是隔离得很远的。真、美，譬如光线；艺术，譬如物体，距光愈远得光愈少。所以大艺术家最高的境界是他直接在宇宙中观照得超形相的美。这时他才是真正的艺术家，尽管他不创造艺术品。他所创造的艺术不过是这真、美境界的余辉映影而已。所以我们欣赏艺术的目的也就是从这艺术品的兴感渡入真、美的观照。艺术品仅是一座桥梁，而大艺术家自己固无需乎此。宇宙"真、美"的音乐直接趋赴他的心灵。因为他的心灵是美的。普罗亭诺斯说："没有眼睛能看见日光，假使它不是日光性的。没有心灵能看见美，假使他自己不是美的。你若想观照神与美，先要你自己似神而美。"

文艺复兴的美学思想

    文艺复兴以来近代诸民族里美学思想的发展也同其他意识形态的科学例如法律学、宗教学、伦理学等相类似。它们各个以研究社会上层建筑，即文化中一个规定的区域为对象，想从这种研究里引申出这一文化区域的发展规律来。这些科学在文艺复兴时开始，是复兴着和自由发展着它们从古代（希腊、罗马）继承的遗产。我们至今还没有一个全面叙述文艺复兴时代那些应该注意的美学思想的著作。资产阶级的近代美学史停留在研究那些哲学家的美学体系里面，还没有仔细研究15、16世纪文艺复兴这个伟大艺术的创造时代是怎样和美学思想相伴着，怎样地受了这些美学思想的影响。这些美学思想在那时自身就是一种"文艺复兴"，他们不但重新研究了亚里士多德的《诗学》，也研究亚氏的后继者流传下来的美学思想，例如在希腊晚期及罗马斐洛斯特拉图斯（Philostratus）时代的西塞罗、荷拉斯、普鲁塔尔格、柏罗丁、斐洛斯特拉图斯和年代未确定的朗加拉斯等人著作里所表现的，这里面包含着的审美情调和思想、词句，是更接近着16世纪，超过它们对亚里士多德的继承。尤其是它们里面大大地强调着那创造性的想象力，那产生出非凡的动人的作品的想象力。派加孟祭坛的艺术时代或罗马艺术时代的思想家必然会有着和希腊菲地亚斯、波利克莱特同代人不同的审美观念。他们强调了壮美，艺术中的绘画风格，个性的、生动的表情，（绘画中）眼睛的表现方法，他们继承了希腊晚期哲学家柏罗丁的见解，强调地指出审美现象里想象力的创造作用。朗加拉斯的《论崇高》就直接启示了文艺复兴艺术活动的方向，他说（35条）："它——指大自然——一开始就在我们的灵魂中植有一种不可抗拒的对于一切伟大事物，一切比我们自己更神圣的事物的渴望。因此，就是整个世界作为人类思想的飞翔领域，还是不够宽广，人的心灵还常常越过整个空间边缘。当我们观察整个生命的领域而见到它处处富于精妙的、堂皇的、美丽的事物时，我们立即知道人生的真正目标是什么……"这一段话不是很好地可以放在文艺复兴的艺术家、思想家的口中吗？他又说："总而言之，一切有用的、必需的事物是人们易于获得的，而他们的景仰却是留在惊心动魄的事物里。"16世纪的人的旺盛的生命活力和生命情调，他们对于现实中壮大的、奇异的、非凡的天真爱好（甚至对于粗野的滑稽现象的爱好——朗加拉斯），密切地结合着他们对于形式美的敏感和古代流传下来的艺术法则。1561年的斯卡列格尔（Scaliger）的诗学与其说是从亚里士多德汲取来的观点，不如说更多的是继承拉丁及希腊晚期的诗学思想。他的理想不再是荷马，而是拉丁诗人维尔吉尔了。

意大利文艺复兴的艺术如建筑是继承着本土的罗马的遗留

建筑而向前发展着，雕刻的人像魁伟壮硕，也继承着罗马人雕像的风味，罗马的壮丽代替了希腊的清丽，古希腊雕像相形之下一般地显得清瘦些。意大利人在文艺复兴时所追求的、所发现的古代，主要的是罗马，就是在他们本土存在着的，而在中古世纪不被注意的罗马遗迹，但是他们创造性的想象力把罗马的样式演变为意大利的样式了。

现在我们简略地谈一谈意大利文艺复兴的艺术思想和审美观念。

在15世纪中叶有一个拜占庭的希腊学者，名唤君士坦丁·拉斯凯里约（Konstantin Laskario）的，在土耳其人占据拜占庭（1453）以后，逃来意大利，生活到15世纪之末，他要求哲学根本上应成为艺术、诗，像它在希腊初期那样（哲学以长诗的体裁和风味表达出来）。后来的哲学家采取了散文来写出他的思想。他说："他们就从诗的高原坠落下来，像从马背上掉下一样。"哲学是人力所能努力达到的"上帝的模仿"，而上帝是把一切布置在音律和节奏之中，因此，谁追随着上帝的行踪，体会着上帝的创造，就必须也能韵律式地制造形象，哲学家必须做诗人。艺术里的规律性使我体验到散文所永不能把我们带去接近的某一些东西。艺术使不可能的东西说出来。只有它宣讲出最后的和最深的真理。这个思想确是存在文艺复兴时代的大艺术家及大科学家心里的思想。天文科学家哥白尼和开普勒，探究天空秘密时是抱着宇宙的音乐大和谐的理想去考察的。他们深信数学的和谐是反映着宇宙的音乐的和谐的。艺术家却在人的身体构造里来发现这支配整个宇宙的秘密规律，这规律表现了真，也表现着美，真和美是一个东西，在文艺复兴的思想家和艺术家的脑海中是不可分割的。这个美的规律更能具体地表达在他们的伟大建筑里，而建筑的结构规律又是极须合乎自然的力学的，更须是真和美的合一的具体表现。所以文艺复兴的美学观念主要地表现在大建筑家阿柏蒂（Alberti）的著作里。

文艺复兴时代美学最重要的特点之一就是同艺术实践的紧密联系，这不是抽象哲学的美学，而是具体的，旨在解决艺术若干具体问题的美学，从实践要求产生，为艺术实践服务，须从这观点来看文艺复兴时代的美学思想。

达·芬奇说："不借助科学的光实践的人，正像没有罗盘而出航的舵手一样。"阿柏蒂向建筑人们提出那些广泛的要求可以由此理解。建筑家不仅应有较高的天赋、较大的才干，而且应有高深的知识，丰富的经验，尤其应有成熟的精确的判断。

文艺复兴的美学理论充满着各种朝气勃勃的乐观主义的、良好有益的内容。所以美的问题成为人文主义者注意的中心。他们研究热情集中于美、和谐、匀称、优雅上，因为在他们看来，人身上有着不可遏止的进行直观的愿望。阿柏蒂说："尤其是眼睛最贪婪美与和谐，眼睛在寻找美与和谐时显得特别顽强，特别稳定。""我不知道它们为什么喜欢无的东西，而不赞同有的东西，因为它们常常在寻找那些后来补充富丽堂皇、光辉灿烂的东西。当它们从最勤勉聪慧而且善于深思的艺术家那里没发现那应期望的技艺、劳动和努力时而感到委屈。有时，它甚至不能说明什么东西凌辱了它们，只除非它们不能彻底消解对美的渴望。"达·芬奇在他的《论美》一文中也有类似的思想。他告诉艺术家似乎要"'窥伺'自然界和人的美，当它们显露得最充分的那一瞬间来观察他们。""要注意黄昏或别的天时的男子和妇女的脸孔，在他们脸上会看到何等的美好和娇柔来。"

按照阿柏蒂的意见，"不赞赏美的事物，不为最美化的东西所倾倒，不因丑而感到耻辱，不拒弃一切无点缀和不完美……的东西之如何可怜、如此落后、如此粗野和不文明的人，是不可能找到的。"

美感是人的一种天性。它"赋予灵魂以认识"，因此阿氏感到难于给美下定义，他说：我们"用感觉来理解美比用话来阐明美会更准确"。但他仍给美下了定义，他说："美是一个整体中的各部分的某种协调与和音，这种协调与和音符合那些要求和谐的严格数目，有限制的规定和布局，即自然界绝对的和第一性的本原。"美建基于事物本身的性质。所以艺术家的任务就在于模仿自然，即"模仿各种艺术形式的优秀匠师（即自然）"。世界就其最深刻的本质说是美的，美就在于它的规律中。艺术应当揭示美的这些客观规律，并且遵守这些规律。因此在阿氏看来，一座建筑物似乎是一个活的实体，建造它时必须要模仿自然界（皆见《建筑十书》）。他强调艺术规律的客观性，艺术家应认识这些规律，并制定自己创作的标准和规则。他说：我们的先辈"集合了人类能力所及的那些它（自然）创造各种事物时所利用的规律，并把这些规律采用到建筑术的规则中来"。人文主义者按照美的客观性和艺术规律的客观性而解决了美学关于艺术对现实的关系这一基本问题。

艺术是现实的再现。醉心于现实的美，是文艺复兴时期人们的共通性。达·芬奇说："如果画家作为鼓舞者而取用别的图画，他的绘画便不会是完美的，如果他到自然界的事物中去学，那么他就会生产出优良的结果来。"他强调艺术的认识意义。"绘画以哲学的精密的思考来观察海洋、陆地、树木、动物、花草等各种形态的全部素质，所有这些都离不开阴影和光线。实际上，绘画就是科学，就是自然的合法女儿，因为它是自然所生的。"画与科学的区别就在它能再现可见世界，即各种对象的色调和轮廓，而科学则能洞察"物体的内部"而忽视"各种形态的素质"，例如几何学，"它就是集中于对事物的数量说明上。"所以，自然界的一切创造物的美就从科学家那里悄悄地滑过去了。艺术的根据和必然就在于此。

但文艺复兴的艺术理论强调艺术的认识意义，重视外部的逼真，尤其重视绘画艺术之能再现自然，研究线条、"透视空间"透视、明暗、色调、影调比例等，进一步研究解剖、数学等以企进入内部。

在《论雕塑》里，阿氏企图确立"一种最崇高的美，这种美是自然赐予许多物体的，在这些物体之间美似被适当地分配了。在这里，我们模仿了那个为克罗多尼人创作神女画的人，在少女美方面，袭用最杰出者的一切。在每个少女身上就形式美方面说最优美的东西，并搬到自己的作品里来。我们也选择了许多按照鉴赏家的判断是最美的形体，从这些形体中，我们加以测量，然后把它们加以相互比较并摈弃对这个或那个方面的偏向，我们就择定了那些为许多量度借□□而都相合所证实的中间数值"。（《建筑十书》）

这个标准是以一般或典型的东西为对象。文艺复兴的美学首先是理想的美学，而这理想并不是与现实相对抗的东西。不怀疑美的现实性。现实性与理想性辩证地结合着。人类的和谐发展的无限可能性也不是空想。

资本主义关系萌芽时期那摧毁资产阶级的散文气息的行动还未出现，人们还没有失掉自己活动上的首创精神，那么他们的描写甚至在对它们采取讽刺态度的场合下还充满着正面的伟大（拉伯雷，莎士比亚）。

由此可见，在文艺复兴时的现实主义中包含三结合的因素：（一）对当代问题的深刻了解；（二）描绘细节上的现实主义方法；（三）有意识非现实主义的情节（古代和基督教神话就是许多图画和其他形式的基础）。所有这些也就构成文艺复兴时现实主义特征。他们探讨艺术真实问题时，自发地碰到艺术形象方面一般与单个的辩证法。因而探求理想与现实、真实与虚构之间的平衡、统一。阿氏在《论雕塑》里说："假如，只要我理解得正确的话，在雕塑家那里，掌握相似的方法有两条途径，即一方面，他们所创造的形象，归根到底应该尽可能与活的东西相似，要与人相似，他们是否再造了苏格拉底、柏拉图或其他任何著名的人的形象。这完全不是重要的，而只要他们能使他的作品一般与人相似，尽管是著名的人，他们就可以认为完全够了。另一方面，应该竭力再现和描绘的不仅是一般的人，而且还应是这个人的面貌和整个外表，例如恺撒或伽图或其他任何著名的人，把他们再现为一定的状态——端坐于讲坛上或在人民大会上发表演说。"阿氏进一步又指出若干规则，运用这些规则就可达到上述相互矛盾的目的。阿氏未解决上述的二律背反，他倾向于解决若干纯技巧的问题方面。但是，提出艺术形象的辩证法却是他重大的功绩。

马克思说过："唯物主义在它的第一个创始人培根那里，还在朴素的形式下，包含着全面发展的萌芽。物质带着诗意的光辉对人（整个的人）的全身心发出微笑。"这话可用于文艺复兴的艺人的世界观。世界对他们还没有失去色彩，变成几何学的抽象，理性未获得片面发展，而以复合的，有时甚至半玄妙思想的形式而出现，同时还能简单朴素地对现实世界作出真正辩证法的猜测。所有这些，在那个时代的现实主义性质和各思想家的美学观点中，也有所表述。

但该时的美学思想里，也有各种流派相对立着，也在时间中变化着，须有专门的研究。尽管如此，那是和艺术实践紧密联系着的现实主义的有具体对象的美学，其重大的缺点，在忽视社会的冲突，不愿研究正在产生的资本主义社会的阴暗面。在这里，具体的艺术实践（尤其文艺）却比较显得有洞察力（莎士比亚，塞万提斯，尤以拉伯雷）。

说人生观

世俗众生，昏蒙愚暗，心为形役，识为情牵，茫昧以生，朦胧以死，不审生之所从来，死之所自往，人生职任，究竟为何，斯亦已耳。明哲之士，智越常流，感生世之哀乐，惊宇宙之神奇，莫不憬然而觉，遽然而省，思穷宇宙之奥，探人生之源，求得一宇宙观，以解万象变化之因，立一人生观，以定人生行为之的，是以，今日哲学之所事有二：

（一）依诸真实之科学（即有实验证据之学），建立一真实之宇宙观，以统一一切学术；

（二）依此真实之宇宙观，建立一真实之人生观，以决定人生行为之标准。

第一问题，今世欧土大哲学家殚思竭虑，以从事于此者甚众，大致可分四大派别：（一）唯物派；（二）唯心派；（三）实证派；（四）认识论派。樾将另篇详其原委，今所略述者，即是第二问题之一部分。

第二问题，即由宇宙观决定人生观是也。但今世学派分歧，人各异执，尚未得一确定不易、举世公认之宇宙观，是以，人生观亦因人而异，不归一致。今但就樾平日观察所见，各种人生观，及由此人生观所发之人生行为，略陈于后，并稍附鄙见，以明条理：

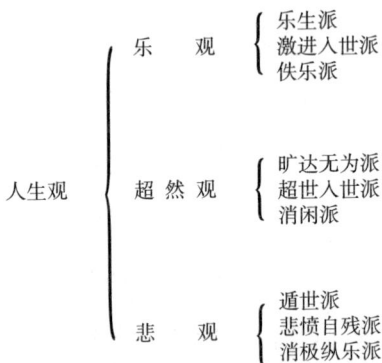

人生观
- 乐　观
  - 乐生派
  - 激进入世派
  - 佚乐派
- 超　然　观
  - 旷达无为派
  - 超世入世派
  - 消闲派
- 悲　观
  - 遁世派
  - 悲愤自残派
  - 消极纵乐派

宇宙真际，人生实事，变化迁流，皆有因果。依常恒不变之律令，据亘古常新之公理，本无悲观乐观之可言，悲乐云者，有情众生，主观之感也。但众生既含识有情，迷执主观，则于人事世事，不能无欣厌之情，悲乐之见。乐观之辈，视宇宙如天堂，人生皆乐境，春秋佳日，山水名区，无往而非行乐之地。悲观者，视人生为苦海，三界如火宅，生物竞存，水深火烈，扰扰生事，莫非烦恼。而明理哲人，神识周远，深悉苦乐，皆属空华。栖神物外，寄心世表，生死荣悴，渺不系怀，但悯彼众生，犹陷泥淖，于是毅然奋起，慷慨救世，是超世入世观也。唯此三观，可尽人生观之大致。今将分别论之。

乐观

乐观原因异致，有哲人之乐观，诗人之乐观，政治家之乐观，社会学家之乐观。其所以乐观者殊，而乐观之意则同也。何谓乐观？乐观云者，即是心中意中，以为宇宙美满，人生无憾，纵时事有困难窳败之点，而以为此种现象，适所以砥砺磨折，以成将来美满之果。于是，心怀勇往之气，奋然激进，求达所望，此乐观之派，亦有足取者也。17世纪，德国哲学家莱布尼茨氏，尝拟证明此世界为最美满之世界，其证如下：

真神理想中有无数之世界，神从此诸理想世界中选其一而创造之，则必为其最美满者无疑，何以故？以真神有全智全能仁慈三德故，以全智，故能选此最良之世界；以全能，故能造此最良之世界；以仁慈，故欲造此最良之世界。

此等证论，现在当然不能成立。康德已于《纯知检核论》（今译《纯粹理性批判》）中，破之无遗。是故，哲学家能以学理证明世界之乐观者，尚未得其人。其实，世界实际，本超苦乐，苦乐之感，纯属主观，而诗人之乐观，则有可言者。诗人歌咏性情，情之所感，发而为诗，诗人对于世界人生，不以学理观，不以事实观，而以心中之感情观也。情分悲乐，于是有悲观之诗人，有乐观之诗人。乐观诗人，徜徉天地间，惊自然之美，叹造化之功，歌咏之，颂扬之，手之舞之，足之蹈之，誉宇宙为天堂，为安乐园，人之生世，在此大宇长宙间，山明水秀，鸟语花香，无往而非乐境也。此派乐观诗人，因惊宇宙之美，遂忘人世之苦，固属偏见，而自然界现象之宏伟壮丽，亦人类所共认也。德国哲学家萧彭浩氏尝有言曰：世界旁观之则美，身处之则苦。颇具深意。哲人诗家之外，尚有乐观之政治家及社会学家，或激于爱国之忧，或感于人道主义，谓国家前途，人类将来，日渐进化，有美满无憾之一日。至于社会庸民，处治安之世，欣欣然乐其生命，则乐观之又一派也。现世界乐观之士，颇不乏人，拟别为三派如后。

（一）乐生派　人孰不乐生而恶死，缘此天然乐生之意，遂觉生之可乐，死之可哀，兢兢业业，终日操作，求得其生以为满足，思想不越生事之外，见闻不出闾里之间，或农或工，或商或仕，熙熙融融，于以没世，此所谓乐生派也。此派之人，无远想，无特识，为己之意多，利他之心微，虽称社会之良民，实非世界之哲士；又有一类隐逸诗人，旷达高士，如陶渊明其人者，田园幽居，东窗啸傲，陶然自得，藜藿自甘，自食其力，不待给于社会，亦欣欣然有乐生之意，而旷达为怀，斯乃由旷达观而生乐观者也。列之乐生派中，而高风邈矣。

（二）激进入世派　热忱之士，蒿目世艰，愤社会之窳败，感人生之多忧，梦想大同盛治之世，遂慷慨入世，奋不顾身，百折不回，坚忍卓绝，此诚可钦可敬者矣。古之墨翟即斯派之杰也。然此派之人，若未先具有超然旷达之观，夷视一切，成败利钝，皆所不计，而太持乐观以为事可必达，功可必成，则一旦失意，悲愤自残，往往侘傺无聊，颓然自放，不堪再振矣。

（三）佚乐派　此派众生，社会之蠹，实无可论之值。但既属社会所有，则亦不得不记，以待先觉之士，筹警觉导悟之策。此派之人，大都富家纨绔子弟，堕落青年，身处膏粱文绣，习于奢侈淫乐，不识人类之艰苦，以为人生行乐耳，何兢兢于学术事功为，昼夜昏茫无所事事，既胸无学识，用自遣意，又久习柔靡，不能自振，不得不召聚同类，放纵佚乐，以排胸内之无聊，厌身心之欲望，一日不获纵其乐，便惆怅无所措手足。察其精神堕落之苦，实胜贫民手足胼胝之劳，而自以为享人生之至乐也。逮夫精神沉销既尽，漫天暮气，继之而起，绮丽繁华，无复意趣，学术事功，又素所未娴，于是踯躅无聊，莫知所可，益自颓放，从事悲观，醇酒妇人，自残生命，是则由乐观之佚乐派，堕入悲观之消极纵乐派矣。此派之人，不乏明慧可爱之少年，而社会罪恶，家庭窳败，诱使堕落，以戕天才，实社会上最可痛心之事也，先觉之士，当思有以处之。

乐观三派既陈于右，请继述悲观之派。

悲观

悲观缘起，亦各殊致，有哲人之悲观，诗人之悲观，社会学家之悲观，宗教家之悲观。何谓悲观？悲观云者，即是心中意中以为世界多憾，人生多忧，亘古如斯，永无改进之一日。社会进化，罪恶烦恼，与之俱进，人心机诈，因文明而日深，生事艰难，缘进化而愈甚。东方哲人，自古多悲观之士，而今日欧西哲学，亦颇盛唱悲观。唯心之家有萧彭浩氏（A. Schopenhauer，即叔本华），唯物之派则依据达尔文生物竞存之学术，于是悲观之见，竟得哲学之根据。今请略陈其说。萧彭浩氏著《世界唯意识论》（今译《作为意志与表象的世界》），畅阐世界罪恶，人生苦恼，以天才之笔，写地狱现象。其书之出，震惊一世，其悲观之言曰：世界众生，皆抱求生之意志。生之未得，深感苦恼，生之既得，遂觉无聊，而眇眇微躯，举世皆敌，困厄危险，百出不穷，略不警觉，即丧生机，而人类之大敌，即是人类。盖人类贪残凶狠，不亚猛兽，乃佐之以机诈狡谋，实禽兽所不及。此犹人生自外铄我之痛苦也。而人生痛苦之源，实即自心。自心欲望无穷，希求无厌，求之不得，盛生烦恼；求之既得，耽玩未久，即生厌倦。厌倦之情既生，则向之所欣，俯仰之间，皆成陈迹，无复系怀，于是新生所倦，聊以自遣，希求厌倦，周而复始，人之一生，来往于苦恼无聊之间而已。痛楚无穷，而不自悟。萧彭浩之悲观哲学，是由心理学而建立者也。达尔文学术之悲观，则根据生物学。生物学者，即研究世界一切含生之物生存状态之学也。达尔文之言曰：一切生物，因求维持生命，时时在战争中。或与天然之困苦境界战，或与同类争生存之资粮而战，或与异类因避困厄而战，或与疾病战，或与自心战（此唯人类为盛），时时战争，无时休息，因战争而进化，因进化而战争，战争之形式不同，而战争之原理则一，其一维何，即求维持生命，增进生命而已。如此世界，如此战争，悲观之生，何由遏止？是以达尔文之学术出，而悲观之哲学大盛也。哲学之悲观既已颇得证据，于是文学思潮亦因之大变，近代俄国写实派文学，盛写社会之恶，人生之苦，风行一世，实悲观派之文学也。悲观诗人，自古已多，《离骚》之作，是忠君爱国所激发之悲观也。此外，穷愁抑郁之篇实不可胜数，尤以中古时意大利诗人但丁《地狱》（今译《神曲》）之诗，最为著名。但丁所描写之地狱，即指此人世言耳。社会学家之悲观，以谓世界人数日增，而世界资粮不足所需，必至于战争，此战争之祸所以永不可灭也。此外，尚有宗教家之悲观。世界最大宗教有五：即佛教、婆罗门教、耶教、伊斯兰教与犹太教。前三教信徒最多，而皆悲观之教也。盖宗教之起，实由恐惧与希望。夫人世多艰，危害百出，自顾微躯，难与命抗，乃穷极呼天，求鬼神意外之援助，此鬼神之祀所由起也。智慧稍进之民，感苦之情益甚，往往生解脱出世之想，此世界最高宗教佛、耶、婆罗门所由兴也。宗教悲观，有自来矣。既述悲观缘起大略如右，请继陈悲观行为之三派：

（一）遁世派　巢父、许由、务光、涓子，此上古著名之遁世派也。此派高人，厌世俗，避尘嚣，遁迹山村，隐踪岩壑，高尚其志，弗撄尘网，殆亦以世俗人类之鄙恶，而爱山林风物之清幽。尤以举世茫茫，无可与语，高山流水，聊寄幽怀，故宁遁畎亩，躬耕自食，不愿与世周旋，同流合污。此派高风，可起顽俗，但以责备贤者之义衡之，微嫌缺少大悲心耳。此等大都智解超人心襟高洁之士，果能用世，其建设当胜庸俗百倍，而以不合时宜自放，惜哉！然亦社会之恶有以至此也。

（二）悲愤自残派　爱国志士，救世哲人，悲祖国之沉沦，感社会之堕落，奋进激起而不得其术，一旦失志，贻笑世人，遂起悲观，愤激自残。古之屈原、贾生，皆此之类。此派之病，在未能先具超世达观，不计成败，故一朝弗达，遂不自持，诚可悯也。然如其人才，已寥落不可多见矣。若夫市井之徒，不忍一朝之忿，激而自戕，与夫丧志少年，因家庭之困厄，情爱之无终，自残其生，以释痛苦，则皆可悯而不足道者也。

（三）消极纵乐派　此派之人，大都亡国之士，社会失望之人，或潦倒之诗家，或丧志之少年，希求已绝，无复生意，而贪恋世乐，不肯自戕，遂纵情诗酒，聊以忘忧。甚或醇酒妇人，自残生命，斯悲观之极，而强自为欢者也。其情虽可悯，而其行实不足取。意志薄弱，为斯派之大病。既不及遁世派之高尚，又不如自残派之果决，而窃效乐观派行为，于人世佚乐，犹深着贪恋之心，实悲观派之最下者也。

以上三派，虽行为不同，皆以悲观为其因。今将继述超然之观。

超然观

世界实际，离言说相，离名字相，离心缘相，毕竟平等。释迦平等之谈，庄周齐物之论，阐之详矣。唯有情众生，迷执主观，于违顺境，生爱恶见，遂谓世界，实有苦乐，诚妄执也（今日科学之客观物质世界，亦超苦乐之外）。于是世之哲人，莫不盛称超然之观。超然观者，对于世界人生，双离悲乐者也。或言诸法毕竟空，既无有法，亦无有我；既无有我，何有苦乐？此诚大乘了义之谈。或言万物平等，死生不二，若能情离彼此，智舍是非，则苦乐二情，并无异致。是乃庄周旷达之说。庄周释迦，诚古之真能超然观者矣。虽然，众生迷妄，犹未解此，贪嗔痴迷，造业受苦，圣哲之士，心生悲悯，于是毅然奋身，慷慨救世，既已心超世外，我见都泯，自躬苦乐，渺不系怀，遂能竭尽身心，以为世用。困苦摧折，永不畏难，不为无识之乐观，亦非消极之悲观。二观之病，皆能永离。是以超世入世之派，为世界圣哲所共称也。

超世入世派，实超然观行为之正宗。超世而不入世者，非真能超然观者也。真超然观者，无可而无不可，无为而无不为，绝非遁世，趋于寂灭，亦非热中，堕于激进，时时救众生而以为未尝救众生，为而不恃，功成而不居，进谋世界之福，而同时知罪福皆空，故能永久进行，不因功成而色喜，不为事败而丧志，大勇猛，大无畏，其思想之高尚，精神之坚强，宗旨之正大，行为之稳健，实可为今后世界少年，永以为人生行为之标准者也。

超然之观，既以超世入世为正宗，而有二派众生，依托超然之名，而无入世之志，则亦不可不述，以尽此篇之旨。二派维何，即旷达无为派与消闲派。

（一）旷达无为派　此派之人，闻老庄清静无为之言，不审有为无为不二之致，遂趋于寂灭，偏于无为，静坐终日，不屑事事，或竟尚清谈，纵言名理，而不思以学识事功，有裨人世，其人虽于己之德无亏，而缺乏大悲心，于人世责任，有所未尽也。中国自古名流，多尚此辈，故特言之，愿此后明慧少年，毋堕斯派。

（二）消闲派　此派众生，耳剽无为之名，不审无为之实，无为既久，顿觉无聊，无聊之极，遂思有所为以自遣，于是，琴棋书画，箫笙管笛，优哉游哉，以消永昼，或广集古玩，摩挲终日，或沉湎烟酒，不识昼夜。此派之人，虽无大害于社会，然须知人生闲暇，至为难得，今既终日悠游，一无所事，纵不能从事学术事功，以惠世界，亦当就其所为，专精美术，或造名画，或谱音乐，贡献于世，以助扬人类高尚纯洁之审美精神，斯乃无负于社会耳。

以上述三种人生观及各派人生行为竟。

莎士比亚的艺术

　　近年来，莎士比亚的戏剧的研究，在世界各国忽然引起很大兴趣，上演方面问题的研究和电影的摄制，都非常热闹，我们可以见到莎氏的艺术是不朽的，永远有他的生命。

　　莎士比亚生于1564年至1616年文艺复兴的最盛时代，那时代是个从中古宗教势力求解放，希腊的文学艺术重新被人发现的时代，实际上是"人"的重新发现，"人生的意义与价值"重新被发现，人体画与雕刻发达到极高峰，而描写人性的内心生活，以人生的冲突斗争做题材的戏剧艺术，也就异常发达。莎氏是此大潮流中一个超越一切的戏剧天才。他自己本是参加在一个剧社供给剧本。他说过：整个世界不过是一个舞台，人生男男女女是一些演员。他自己的生活确是一个在剧团里的生活。戏剧与人生对他是一个东西。他从戏剧里体会到那些人生的伟大的、紧张的、悲壮的场面，而他又从实际人生的体验、观察、分析，给予他自己的创作的丰富的、深刻的生命。他的创作和他以前或以后古典剧有几个不同之点。

（一）他的写作的题材故事，既不是像近代作家取于自己的生活（歌德《浮士德》），或自己的生活环境和社会问题，又不是单凭自己的想象构造情节内容，乃是几乎全部取材于他的前辈的剧本或小说而加以改造。然而艺术的价值并不在于题材内容，而在他如何写出，莎氏的天才有点石成金的手段。

他的剧本不像古典及近代剧欢喜从情节冲突紧张的顶点开始，而将过去情节在口中说出来，他是欢喜陈述一事全部的开始和发展，如《罗密欧与朱丽叶》就是从两人一见倾心说起。这是铺陈的叙述，使剧本里的空间地点和时间复杂而拉长，破坏了古典的三一律。（古典剧情的时间至多在二十四小时以内。）

这种铺陈叙述使剧中主角发生多方面错综的关系，以主要情节外往往有平行的一个或两个插曲情节。这种平等情节虽是古已有之，但是莎氏最善于处理穿插而运用得有意义，或为必要，如在《威尼斯商人》中叶西凯被罗兰佐诱走就大有作用，一则显出歇洛克的凶狠的性格，表出他自己女儿骂其家为地狱；二则借此情节以弥补了订契约与契约到期时间；三则使我们了解歇洛克因女儿之出走更坚决了他的报复意志，以至于露出无人性的凶狠。莎氏的剧本固是充满了复杂的繁富的生命。

（二）他的剧本若和希腊及法国古典剧的对照，就看出他的特点是悲喜剧的融合，在极沉痛的悲剧中掺进了无数的幽默滑稽，使我们看出作家的舞台技巧及了解观众心理，同时看出作家对于人生命的无穷热力与兴趣，而他在喜剧中往往插入极动人的悲剧角色及悲剧情节，像《威尼斯商人》中犹太人夏洛克可见到诗人对人生的严肃深刻的同情。然而在极严肃的场面，往往插入滑稽、打趣，有时也使人感到过分。不过，他是要调剂观众的情感，也是要利用着对比的影响。

（三）他一生的作品中爱用强烈的光明与阴影的对照（像Barogue时代的荷兰大画家Rembrandt的画）。他爱强调地对比善与恶，智慧与愚蠢，强与弱，动与静，尤在性格描写方面，如女性方面以娇柔含羞的Celia对活泼勇敢的Rosalinde，静穆温柔的Hero对利口会说的Beatrice，等等，在男子方面如理想主义的Pratus对实际主义的聪明的MarkAnton等等。

（四）莎氏艺术的中心点与最高峰仍在"性格的描写"。他的最成熟期的创作多半是性格的悲剧。Hamlet是一部最深刻的心理描写，人人知之。他有他与前人不同的独自的技术，以描出角色的内心心理的行动的动机。他的技术大致可分四方面：

（1）从主角的大的、重要的、全部的行动上见出性格。如罗密欧的热狂感情从开始到最后都表现在他的言语和行动中。

（2）在不经意的、微小的动作或道白中，启示出一个人的最深的内心状态与性格。譬如在恺撒的迷信的表示中看出他的原来的伟大和力量已趋衰落了。

（3）在两个或几个性格的对映中间描出一个性格细腻的光景，像《威尼斯商人》中的Portiaa的求婚者Basanio，他的个性，作者在剧本中无暇作细致的描写，然而由于和别的求婚者及Antonio一班其他朋友比较之下，乃觉得他是比较可爱的人物。

（4）莎氏再有一常用的方法，就是由别人的口中描出一个人的个性性格。我们在Lady Macbeth口中知道了Macbeth的性格。在Ophelia的崇拜中也补充了我们对Hamlet个性的认识。以前的作家则多以独白表示出性格。

再后我们再讲到莎氏的剧中的一特点，就是全剧有一种"情调"的创造。他的戏剧愈成熟，愈能在一开头的几十句中就引导我们走进一种爱的或恨的情调中，那故事情节应当有的情调中，在这里表现了他不只是剧作家，也是一个大诗人。像《仲夏夜之梦》一剧若没有这诗的情调就无味了。*Macbeth* 中间巫女一幕没有那情调就觉得滑稽了。*Hamlet* 一剧开始就充满了一种幽灵的恐怖的情调，使我们走进严重的悲剧的情境中。

最后，我们说到莎氏剧情发展的顶点，往往放在第三幕的中间。同时往往也就是全部转换之点，而在悲剧中Catastrophe之后，并不就结束，往往再来一平静的幕让观众在离开剧院之前能平静地综合剧情的印象。全剧开头虽紧张，而结尾却平静，这是和希腊的悲剧相似，而对近代人是不大合口味的。

第五篇 *Chapter Five*

美从何处寻

略谈艺术的"价值结构"

　　近代美学的开始，是笼罩在实验心理学的方法与观点下面，成为心理学的局部。美感过程的描述，艺术创造与艺术欣赏之心理分析，成为美学的中心事务。而艺术品本身的价值的评判，艺术意义的探讨与发阐，艺术理想的设立，艺术对于人生与文化的地位与影响，这些问题向来是哲学家与艺术批评家所注意的。现在仍是交给哲学家与艺术批评家去发表意见。

　　但这些问题可以集中于一个主体问题，这就是艺术这个"价值结构体"的分析与研究。艺术是人类文化创造生活之一部，是与学术、道德、工艺、政治同为实现一种"人生价值"和"文化价值"。普通人说艺术之价值在"美"，就同学术、道德之价值在"真"与"善"一样。然而，自然界现象也表现美，人格个性也表现美。艺术固然美，却不止于美，且有时正在所谓"丑"中表现深厚的意趣，在哀感沉痛中表现缠绵的顽艳。艺术不只是具有美的价值，且富有对人生的意义，深入心灵的影响。艺术至少是三种主要"价值"的结合体：

（一）形式的价值，就主观的感受言，即"美的价值"。

（二）描象的价值，就客观言，为"真的价值"；就主观感受言，为"生命的价值"（生命意趣之丰富与扩大）。

（三）启示的价值，启示宇宙人生之最深的意义与境界，就主观感受言，为"心灵的价值"，心灵深度的感动，有异于生命的刺激。

"形""景""情"是艺术的三层结构，现在略略谈述如下：

形式的价值。关于艺术中所谓"形式"之意义与价值，我最近在另一篇文章里（《论中西画法的渊源与基础》，载中央大学《文艺丛刊》第2期），曾有以下的说明，兹引述于此，不再费词：

美术中所谓形式，如数量的比例、形线的排列（建筑）、色彩的和谐（绘画）、音律的节奏，都是抽象之点、线、面、体或声音的交织结构。为了集中地提高和深入地反映现实的形象及心情诸感，使人在摇曳荡漾的律动与谐和中窥见真理，引人发无穷的意趣，绵缈的思想。

但形式的作用尚不止于此，可以别为三项：

（一）美的形式的组织，使一片自然或人生的景象，自成一独立的有机体，自构一世界，从吾人实际生活之种种实用关系中超脱自在："间隔化"是"形式"的重要的消极的功用。

美的对象之第一步，需要间隔。图画的框，雕像的石座，堂宇的栏杆台阶，剧台的帷幕（新式的配光法及观众坐黑暗中），从窗眼窥青山一角，登高俯瞰黑夜幂罩的灯火街市。这些幻美的境界都是由各种间隔作用造成。

（二）美的形式之积极作用是组织、集合、配置。一言蔽之，是构图，使片景孤境自织成一内在自足的境界，无求于外而自成一意义丰满的小宇宙，启示着宇宙人生的更深一层的真实。要能不待框廓，已能遗世独立，一顾倾城。

希腊大建筑家以极简单朴质的形体线条构造雅典庙堂，使人千载之下瞻赏之，尤有无穷高远圣美的意境，令人不能忘怀。

（三）形式之最后与最深的作用，就是它不只是化实相为空灵，引人精神飞越，超入美境。而尤在它能进一步引人"由幻入真"，深入生命节奏的核心。世界上唯有最抽象的艺术形式，如建筑、音乐、舞蹈姿态、中国书法、中国戏面谱、钟鼎彝器的形态与花纹，乃最能象征人类不可言状之心灵姿式与生命的律动。

每一个伟大的时代，伟大的文化，都欲在实用生活之余裕，或在宗教典礼、庙堂祭祀时，以庄严的建筑、崇高的音乐、闳丽的舞蹈，表达这生命的高潮，一代精神之最深节奏。建筑形体的抽象结构，音乐的节奏与和谐，舞蹈的线纹姿式，最能表现吾人深心的情调与律动。吾人借此返于"失去了的和谐，埋没了的节奏"，重新获得生命的核心，乃得真自由，真解脱，真生命。

"形式"为美术之所以成为美术的基本条件，独立于科学、哲学、道德宗教等文化事业外，自成一文化的结构，生命的表现。它不只是实现了"美"的价值，且深深地表达了生命的情调与意味。

然人生仪态万方，宇宙也奇丽诡秘，生命的境界无穷尽，形象的姿式也无穷尽，于是描摹物象以达造化之情，也是艺术的主要事业。

描象的价值。文学、绘画、雕刻都是描写人物情态形象以寄托遥深的意境。希腊的雕刻保存着希腊的人生姿态，莎士比亚的剧本表现着文艺复兴时的人心悲剧。艺术的描摹不是机械的摄影，乃系以象征方式提示人生情景的普遍性。"一朵花中窥见天国，一粒沙中表象世界"，艺术家描写人生万物都是这种象征式的。我们在艺术的描象中可以体验着"人生的意义"。"人心的定律""自然物象最后最深的结构"，就同科学家发现物理的构造与力的定理一样。艺术的里面不只是美，且饱含着"真"。

这种"真"的呈露，使我们鉴赏者周历多层的人生境界，扩大心襟，以至与人类的心灵为一体，没有一丝的人生意味不反射在自己心里。

在此，已经触到艺术的启示的价值。清代大画家恽南田曾对于一幅画景有如是的描写：

谛视斯境，一草一树、一丘一壑，皆洁庵灵想之所独辟，总非人间所有。其意象在六合之表，荣落在四时之外。

这几句话真说尽艺术所启示的最深境界。艺术的境相本是幻的，所谓"灵想之所独辟，总非人间所有"。但它同时却启示了高一级的真实，所谓"意象在六合之表"。古人说："超以象外，得其环中。"借幻境以表现最深的真境，由幻以入真，这种"真"不是普通的语言文字，也不是科学公式所能表达的真，这只是艺术的"象征力"所能启示的真实。

真实是超时间的，所以"荣落在四时之外"。艺术同哲学、科学、宗教一样，也启示着宇宙人生最深的真实，但却是借助于幻想的象征力，以诉之于人类的直观心灵与情绪意境，而"美"是它的附带的"赠品"。

中国艺术三境界

　　"中国艺术三境界"这个题目很大，讲起来可说是大而无当。但是，大亦有好处，就是可以空空洞洞地讲一点。现在，从中国过去的艺术家所遗留下来的诗文中，找出一鳞一爪来和各位谈谈。

　　说起"境界"，的确是个很复杂的东西。不但中西艺术里表现的"境界"不同，单就国画来说，也有很多差异。不过，可以综合说来有下述三种境界。

　　一、写实（或写生）的境界。

　　二、传神的境界。

　　三、妙悟的境界①。

　　用这三个标题，似乎有一个毛病，就是前二者有具体的对象，而后者却似乎空泛无着。但是，细想起来，它还是有对象的，那就是所谓玄境。兹分论如下：

---

① 此文已佚。

写实的境界

站在油画或西洋写生画的立场来看，似乎中国画不能算是写实画。其实，中国的画家是很讲究写实的。我们从下述几个例子可以看出：

客有为齐王画者。齐王问曰："画孰最难者？"曰："犬马最难。""孰易者？"曰："鬼魅最易。"夫犬马，人所知也，旦暮罄于前，不可类之，故难。鬼魅，无形者，不罄于前，故易之也。

（戴）颙，……宋太子铸丈六金像于瓦棺寺，像成而恨面瘦，工人不能理，乃迎（戴）颙问之，曰："非面瘦，乃臂胛肥！"既铝减臂胛，像乃相称。时人服其精思。

徽宗建龙德宫成，命待诏图画宫中屏壁，皆极一时之选。上来幸，一无所称，独顾壶中殿前柱廊拱眼《斜枝月季花》，问画者为谁，实少年新进。上喜赐绯，褒锡甚宠，皆莫测其故。近侍尝请于上，上曰："月季鲜有能画者，盖四时、朝暮，花、蕊、叶皆不同。此作春时日中者，无毫发差，故厚赏之。"

宣和殿前植荔枝，既结实，喜动天颜。偶孔雀在其下，亟召画院众史令图之。各极其思，华彩灿然。但孔雀欲升藤墩，先举右脚。上曰："未也。"众史愕然莫测。后数日，再呼问之，不知所对，则降旨曰："孔雀升高，必先举左。"众史骇服。

希腊大画家曹格西斯（Zeuxis）画架上葡萄，有飞雀见而啄之。画家巴哈西斯（Panhazus）走来画一帷幕掩其上，曹格西斯回家误以为是真帷幕，欲引而张之。他能骗飞雀，却又被人骗了。

这两个故事，如同出一辙，可见东方与西方画家，有同样的写实精神。

中国画家不但重视表面写实，更透入内层。从下述例证，便可看出。

黄筌……十七岁事蜀后主王衍为待诏，至孟昶加检校少府监，累迁如京副使。后主衍尝诏筌于内殿观吴道元画钟馗，乃谓筌曰："吴道元之画钟馗者，以右手第二指抉鬼之目，不若以拇指为有力也。"令筌改进，筌于是不用道元之本，别改画以拇指抉鬼之目者进焉。后主怪其不如旨，筌对曰："道元之所画者，眼色意思俱在第二指；今臣所画，眼色意思俱在拇指。"后主悟，乃喜……

这种写实，可说已到传神的境界了。

中国画家不仅可以画得很像，或至入神。并且，相信画家是个小上帝，简直可以创造出真实的东西来：

李思训开元中除卫将军，与其子李昭道中舍俱得山水之妙，时人号大李、小李。思训格品高奇，山水绝妙，鸟兽、草木，皆穷其态。昭道虽图山水、鸟兽，甚多繁巧，智惠笔力不及思训。天宝中明皇召思训画大同殿壁，兼掩障。异日因对，语思训云："卿所画掩障，夜闻水声。"通神之佳手也，国朝山水第一。故思训神品，昭道妙上品也。

韩幹，京兆人也，明皇天宝中召入供奉。上令师陈闳画马，帝怪其不同，因诘之。奏云："臣自有师。陛下内厩之马，皆臣之师也。"上甚异之。其后果能状飞黄之质，图喷玉之奇；九方之职既精，伯乐之相乃备。且古之画马，有《穆王八骏图》，后立本亦模写之，多见筋骨，皆擅一时，足为希代之珍。开元后四海清平，外国名马，重驿累至。然而沙碛之遥，蹄甲皆薄，明皇遂择其良者，与中国之骏同颁，尽写之。自后内厩有飞黄、照夜、浮云、五花之乘，奇毛异状，筋骨既圆，蹄甲皆厚。驾驭历险，若舆辇之安也；驰骤旋转，皆应《韶濩》之节。是以陈闳貌之于前，韩幹继之于后，写渥洼之状，若在水中，移骕骦之形，出于图上，故韩幹居神品宜矣。

这两个故事，虽然是神话，但我们可以相信，他们的画是惟妙惟肖，使人相信画家有创造生命的艺术。

中国画家又很讲实用。梁兴国寺殿中多雀，粪积佛顶，僧驱之不去，乃请画家张僧繇画一鹰一鹞于东西壁，双目瞵视，栩栩如生，雀不敢至。

由此，我们知道中国画家是有写实的兴趣、技巧、能力与观察力的，不但如此，还有能超出现实阶段，而达于更高境界者，即是传神的境界。

传神的境界

任何东西，不论其为木为石，在审美的观点看来，均有生命与精神的表现。画家欲把握一物的灵魂，必须改变他的技巧。就是不能再全部地纯写实地描画，而须抓住几个特点。从下述例证，可以看出。

　　顾恺之……"画人尝数年不点目睛，人问其故，答曰：'四体妍蚩，本无关于妙处，传神写照，正在阿堵之中。'""又画裴楷真，颊上加三毛，云：'楷俊朗有识，具此正是其识，具观者详之，定觉神明殊胜。'"

　　传神不能板滞，必须生动自然，方为杰作。苏东坡有一首题在画上的诗："野雁见人时，未起意先改。君从何处看？得此无人态？"这无人之态，便是雁的自然状态，画家应当把握住。
　　西洋亦如此。当写实派极盛时，便走入另一阶段而求解脱。法国罗丹是集写实派之大成的人，但他塑像时，却令对象（模特儿）自由行动，言谈举止，一如平时，这时，他藏于屋角，随意取材，把握其自然情态。这正如宋代陈造所说的一样。他说："使人伟衣冠，肃瞻视，巍坐屏息，仰而视，俯而起草，毫发不差，若镜中写影，未必不木偶也。着眼于颠沛、造次、应对、进退、颦额、适悦、舒急、倨傲之顷。熟想而默识，一得佳思，亟运笔墨，如兔起鹘落，则气王而神完矣。"即此一段妙论，就可以胜过罗丹了。
　　明代吴承恩在其《射阳山人集》中，有《送写真李山人序》一文，略谓："通州李先生至淮阴蒋家，士绅请画像，十常得十。人问之，对曰：余非技人也，而游乎技。余初出游时，见人之容貌、老少、长短、肥瘦、妍蚩各有不同，为之神往，乃证其眉化，目而墨之，十分中常失五六。既久，知其性，忘其形，求之于俯仰，求之于空貌，求之于情感，有时余与同悲，有时余与同乐——再起作画，此时十失有三四。今余不观人之貌，隐几而坐，忽焉若观斯人于素，又忽焉若见紫色起于眉宇之间，乃急起作画，余不知其肖否？不知其已失几何？"作画至此阶段，可说已至浑化超脱形相，而到最高的境界了。

苏东坡《传神记》说得更透彻。他说："传神之难在目。顾虎头云：'传形写影，都在阿堵中。'其次在颧颊。吾尝于灯下顾自见颊影，使人就壁模之，不作眉目，见者皆失笑，知其为吾也。目与颧颊似，余无不似者，眉与鼻口可增减取似也。传神与相一道，欲得其人之天，法当于众中阴察之。今乃使人具衣冠坐，注视一物，彼方敛容自持，岂复见其天乎？凡人意思各有所在，或在眉目，或在鼻口。虎头云：'颊上加三毛，觉精采殊胜。'则此人意思盖在须颊间也。优孟学孙叔敖抵掌谈笑，至使人谓死者复生。此岂举体皆似？亦得其意思所在而已。使画者悟此理，则人人可以为顾、陆。吾尝见僧赠惟真画曾鲁公，初不甚似。一日，往见公，归而喜甚，曰：'吾得之矣。'乃于肩后加三纹，隐约可见，作俛首仰视，眉扬而额蹙者，遂大似。南都人程怀立，众称其能。于传吾神，大得其全。怀立举止如诸生，萧然有于笔墨之外者也。故以吾所闻者助发之。"由此可见中国画重在传神。

山水传神在点苔，苔是山水的眉目，其次如作亭。张宣题画云："石滑岩前雨，泉香树杪风。江山无限景，都聚一亭中。"可见亭之于山水，亦如目之于人一样。宋画家郭熙云："画山水数百里间，必有精神聚处，乃足画。散地不足画也。"

中国艺术意境之诞生

引言

　　世界是无穷尽的，生命是无穷尽的，艺术的境界也是无穷尽的。"适我无非新"（王羲之诗句），是艺术家对世界的感受。"光景常新"是一切伟大作品的烙印。"温故而知新"，却是艺术创造与艺术批评应有的态度。历史上向前一步的进展，往往地伴着向后一步的探本穷源。李、杜的天才，不忘转益多师。16世纪的文艺复兴追摹着希腊，19世纪的浪漫主义憧憬中古，20世纪的新派且溯源到原始艺术的浑朴天真。

　　现代的中国站在历史的转折点。新的局面必将展开，然而我们对旧文化的检讨，以同情的了解给予新的评价，也更显重要。就中国艺术方面——这中国文化史上最中心、最有世界贡献的一方面——研寻其意境的特构，以窥探中国心灵的幽情壮采，也是民族文化的自省工作。希腊哲人对人生指示说："认识你自己！"近代哲人对我们说："改造这世界！"为了改造世界，我们先得认识。

意境的意义

龚定庵在北京，对戴醇士说："西山有时渺然隔云汉外，有时苍然堕几榻前，不关风雨晴晦也！"西山的忽远忽近，不是物理学上的远近，乃是心中意境的远近。

方士庶在《天慵庵随笔》里说："山川草木，造化自然，此实境也。因心造境，以手运心，此虚境也。虚而为实，是在笔墨有无间，——故古人笔墨具此山苍树秀，水活石润，于天地之外，别构一种灵奇。或率意挥洒，亦皆炼金成液，弃滓存精，曲尽蹈虚揖影之妙。"中国绘画的整个精粹在这几句话里。本文的千言万语，也只是阐明此语。

恽南田《题洁庵图》说："谛视斯境。一草一树，一丘一壑，皆洁庵（指唐洁庵）灵想之所独辟，总非人间所有。其意象在六合之表，荣落在四时之外。将以尻轮神马，御冷风以游无穷。真所谓藐姑射之山，汾水之阳，尘垢粃糠，淖约冰雪。时俗龌龊，又何能知洁庵游心之所在哉！"

画家诗人"游心之所在"，就是他独辟的灵境，创造的意象，作为他艺术创作的中心之中心。

什么是意境？人与界接触，因关系的层次不同，可有五种境界：

（一）为满足生理的物质的需要，而有功利境界；

（二）因人群共存互爱的关系，而有伦理境界；

（三）因人群组合互制的关系，而有政治境界；

（四）因穷研物理，追求智慧，而有学术境界；

（五）因欲返本归真，冥合天人，而有宗教境界。

功利境界主于利，伦理境界主于爱，政治境界主于权，学术境界主于真，宗教境界主于神。但介乎后二者的中间，以宇宙人生的具体为对象，赏玩它的色相、秩序、节奏、和谐，借以窥见自我的最深心灵的反映；化实景而为虚境，创形象以为象征，使人类最高的心灵具体化、肉身化，这就是"艺术境界"。艺术境界主于美。

所以一切美的光是来自心灵的源泉：没有心灵的映射，是无所谓美的。瑞士思想家阿米尔（Amiel）说：

一片自然风景是一个心灵的境界。

中国大画家石涛也说：

山川使予代山川而言也。……山川与予神遇而迹化也。

艺术家以心灵映射万象，代山川而立言，他所表现的是主观的生命情调与客观的自然景象交融互渗，成就一个鸢飞鱼跃、活泼玲珑、渊然而深的灵境；这灵境就是构成艺术之所以为艺术的"意境"。（但在音乐和建筑，这时间中纯形式与空间中纯形式的艺术，却以非模仿自然的景象来表现人心中最深的不可名的意境，而舞蹈则又为综合时空的纯形式艺术，所以能为一切艺术的根本形态，这事后面再说到。）

意境是"情"与"景"（意象）的结晶品。王安石有一首诗：

杨柳鸣蜩绿暗，荷花落日红酣。

三十六陂春水，白头相见江南。

前三句全是写景，江南的艳丽的阳春，但着了末一句，全部景象遂笼罩上，啊，渗透进一层无边的惆怅，回忆的愁思和重逢的欣慰，情景交织，成了一首绝美的"诗"。

元人马东篱有一首《天净沙》小令：

枯藤老树昏鸦，小桥流水人家，

古道西风瘦马，夕阳西下——

断肠人在天涯！

也是前四句完全写景，着了末一句写情，全篇点化成一片哀愁寂寞、宇宙荒寒、怅触无边的诗境。

艺术的意境，因人因地因情因景的不同，现出种种色相，如摩尼珠，幻出多样的美。同是一个星天月夜的景，影映出几层不同的诗境。

元人杨载《景阳宫望月》云：

大地山河微有影，九天风露浩无声。

明画家沈周（石田）《写怀寄僧》云：

明河有影微云外，清露无声万木中。

清人盛青嵝咏《白莲》云：

半江残月欲无影，一岸冷云何处香。

杨诗写涵盖乾坤的封建的帝居气概，沈诗写迥绝世尘的幽人境界，盛诗写风流蕴藉、流连光景的诗人胸怀。一主气象，一主幽思（禅境），一主情致。至于唐人陆龟蒙咏白莲的名句："无情有恨何人觉，月晓风清欲堕时。"却系为花传神，偏于赋体，诗境虽美，主于咏物。

在一个艺术表现里情和景交融互渗，因而发掘出最深的情，一层比一层更深的情，同时也透入了最深的景，一层比一层更晶莹的景；景中全是情，情具象而为景，因而涌现了一个独特的宇宙，崭新的意象，为人类增加了丰富的想象，替世界开辟了新境，正如恽南田所说："皆灵想之所独辟，总非人间所有！"这是我的所谓"意境"。"外师造化，中得心源"。唐代画家张璪这两句训示，是这意境创现的基本条件。

意境与山水

元人汤采真说：

"山水之为物，禀造化之秀，阴阳晦暝，晴雨寒暑，朝昏昼夜，随形改步，有无穷之趣，自非胸中丘壑，汪汪洋洋，如万顷波，未易摹写。"

艺术意境的创构，是使客观景物作我主观情思的象征。我人心中情思起伏，波澜变化，仪态万千，不是一个固定的物象轮廓能够如量表出，只有大自然的全幅生动的山川草木，云烟明晦，才足以表象我们胸襟里蓬勃无尽的灵感气韵。恽南田题画说："写此云山绵邈，代致相思。笔端丝粉，皆清泪也。"山水成了诗人、画家抒写情思的媒介，所以中国画和诗，都爱以山水境界做表现和咏味的中心，和西洋自希腊以来拿人体做主要对象的艺术途径迥然不同。董其昌说得好："诗以山川为境，山川亦以诗为境。"艺术家禀赋的诗心，映射着天地的诗心。（《诗纬》云："诗者天地之心。"）山川、大地是宇宙诗心的影现；画家、诗人的心灵活跃，本身就是宇宙的创化，它的卷舒取舍，好似太虚片云，寒塘雁迹，空灵而自然！

意境创造与人格涵养

这种微妙境界的实现，端赖艺术家平素的精神涵养，天机的培植，在活泼的心灵飞跃而又凝神寂照的体验中突然地成就。元代大画家黄子久说："终日只在荒山乱石，丛木深筱中坐，意态忽忽，人不测其为何。又每往泖中通海处看急流轰浪，虽风雨骤至，水怪悲诧而不顾。"宋画家米友仁说："画之老境，于世海中一毛发事泊然无着染。每静室僧跌，忘怀万虑，与碧虚寥廓同其流。"黄子久以狄阿理索斯（Dionysius）的热情深入宇宙的动象，米友仁却以阿波罗（Apollo）式的宁静涵映世界的广大精微，代表着艺术生活上两种最高精神形式。

在这种心境中完成的艺术境界自然能空灵动荡而又深沉幽渺。南唐董源说："写江南山，用笔甚草草，近视之几不类物象，远视之则景物灿然，幽情远思，如睹异境。"艺术家凭借他深静的心襟，发现宇宙间深沉的境地；他们在大自然里"偶遇枯槎顽石，勺水疏林，都能以深情冷眼，求其幽意所在"。黄子久每教人作深潭，以杂树瀹之，其造境可想。

所以艺术境界的显现，绝不是纯客观地机械地描摹自然，而以"心匠自得为高"（米芾语）。尤其是山川景物，烟云变灭，不可临摹，须凭胸臆的创构，才能把握全景。宋画家宋迪论作山水画说：

先当求一败墙，张绢素讫，朝夕视之，既久，隔素见败墙之上，高下曲折，皆成山水之象，心存目想：高者为山，下者为水，坎者为谷，缺者为涧，显者为近，晦者为远。神领意造，恍然见人禽草木飞动往来之象，了然在目，则随意命笔，默以神会，自然景皆天就，不类人为，是谓活笔。

他这段话很可以说明中国画家所常说的"丘壑成于胸中，既寤发之于笔墨"，这和西洋印象派画家莫奈（Monet）早、午、晚三时临绘同一风景至于十余次，刻意写实的态度，迥不相同。

禅境的表现

中国艺术家何以不满于纯客观的机械式的摹写？因为艺术意境不是一个单层的平面的自然的再现，而是一个境界层深的创构。从直观感相的摹写，活跃生命的传达，到最高灵境的启示，可以有三层次。蔡小石在《拜石山房词》序里形容词里面的这三境层极为精妙：

"夫意以曲而善托，调以杳而弥深。始读之则万萼春深，百色妖露，积雪缟地，余霞绮天，此一境也。（按：这是直观感想的渲染）再读之，则烟涛澒洞，霜飙飞摇。骏马下坡，泳鳞出水，又一境也。（按：这是活跃生命的传达）卒读之，而皎皎明月，仙仙白云，鸿雁高翔，坠叶如雨，不知其何以冲然而澹，翛然而远也。（按：这是最高灵境的启示）"

江顺贻评之曰："始境，情胜也。又境，气胜也。终境，格胜也。""情"是心灵对于印象的直接反映，"气"是"生气远出"的生命，"格"是映射着人格的高尚格调。西洋艺术里面的印象主义、写实主义，是相等于第一境层。浪漫主义倾向于生命音乐性的奔放表现，古典主义倾向于生命雕像式的清明启示，都相当于第二境层。至于象征主义、表现主义、后期印象派，它们的旨趣在于第三境层。

而中国自六朝以来，艺术的理想境界却是"澄怀观道"（晋宋画家宗炳语），在拈花微笑里领悟色相中微妙至深的禅境。如冠九在《都转心庵词序》中说得好：

"明月几时有"，词而仙者也。"吹皱一池春水"，词而禅者。仙不易学而禅可学。学矣，而非栖神幽遐，涵趣寥旷，通拈花之妙悟，穷非树之奇想，则动而为沾滞之音矣。其何以澄观一心，而腾踔万象。是故词之为境也，空潭印月，上下一澈，屏知识也。清馨出尘，妙香远闻，参净因也。鸟鸣珠箔，群花自落，超圆觉也。

　　澄观一心而腾踔万象，是意境创造的始基，鸟鸣珠箔，群花自落，是意境表现的圆成。

　　绘画里面也能见到这意境的层深。明画家李日华在《紫桃轩杂缀》里说：

　　凡画有三次第：一曰身之所容。凡置身处，非邃密，即旷朗，水边林下，多景所凑处是也。（按：此为身边近景）二曰目之所瞩。或奇胜，或渺迷，泉落云生，帆移鸟去是也。（按：此为眺瞩之景）三曰意之所游。目力虽穷，而情脉不断处是也。（按：此为无尽空间之远景）然又有意有所忽处，如写一树一石，必有草草点染取态处。（按：此为有限中见取无限，传神写生之境）写长景必有意到笔不到，为神气所吞处，是非有心于忽，盖不得不忽也。（按：此为借有限以表现无限，造化与心源合一，一切形象都形成了象征境界）其于佛法相宗所云极迥色极略色之谓也。

　　于是绘画由丰满的色相达到最高心灵境界，所谓禅境的表现，种种境层，以此为归宿。戴醇士曾说："恽南田以'落叶聚还散，寒鸦栖复惊'（李白诗句）、品一峰（黄子久）笔，是所谓孤蓬自振，惊沙坐飞，画也而几乎禅矣！"禅是动中的极静，也是静中的极动，寂而常照，照而常寂，动静不二，直探生命的本原。禅是中国人接触佛教大乘义后体认到自己心灵的深处而灿烂地发挥到哲学境界与艺术境界。静穆的观照和飞跃的生命，构成艺术的两元，也是构成"禅"的心灵状态。《雪堂和尚拾遗录》里说："舒州太平灯禅师颇习经论，傍教说禅。白云演和尚以偈寄之曰："白云山头月，太平松下影，良夜无狂风，都成一片境。'灯得偈颂之，未久，于宗门方彻渊奥。"禅境借诗境表达出来。

所以中国艺术意境的创成，既须得屈原的缠绵悱恻，又须得庄子的超旷空灵。缠绵悱恻，才能一往情深，深入万物的核心，所谓"得其环中"。超旷空灵，才能如镜中花，水中月，羚羊挂角，无迹可寻，所谓"超以象外"。色即是空，空即是色，色不异空，空不异色，这不但是盛唐人的诗境，也是宋元人的画境。

道、舞、空白：中国艺术意境结构的特点

庄子是具有艺术天才的哲学家，对于艺术境界的阐发最为精妙。在他是"道"，这形而上原理，和"艺"，能够体合无间。"道"的生命进乎技，"技"的表现启示着"道"。在《养生主》里他有一段精彩的描写：

庖丁为文惠君解牛，手之所触，肩之所倚，足之所履，膝之所踦，砉然响然，奏刀騞然，莫不中音。合于《桑林》之舞，乃中《经首》（尧乐章）之会（节也）。文惠君曰："嘻，善哉！技盖至此乎？"庖丁释刀对曰："臣之所好者道也，进乎技矣。始臣之解牛之时，所见无非牛者；三年之后，未尝见全牛也；方今之时，臣以神遇而不以目视，官知止而神欲行。依乎天理，批大郤，道大窾，因其固然，技经肯綮之未尝，而况大軱乎！良庖岁更刀，割也；族庖月更刀，折也；今臣之刀十九年矣，所解数千牛矣，而刀刃若新发于硎。彼节者

有间，而刀刃者无厚，以无厚入有间，恢恢乎其于游刃必有余地矣。是以十九年而刀刃若新发于硎。虽然，每至于族（交错聚结处），吾见其难为，怵然为戒，视为止，行为迟，动刀甚微，謋然已解，如土委地。提刀而立，为之四顾，为之踌躇满志，善刀而藏之。"文惠君曰："善哉，吾闻庖丁之言，得养生焉。"

"道"的生命和"艺"的生命，游刃于虚，莫不中音，合于《桑林》之舞，乃中《经首》之会。音乐的节奏是它们的本体。所以儒家哲学也说："大乐与天地同和，大礼与天地同节。"《易》云："天地絪缊，万物化醇。"这生生的节奏是中国艺术境界的最后源泉。石涛题画云："天地氤氲秀结，四时朝暮垂垂，透过鸿蒙之理，堪留百代之奇。"艺术家要在作品里把握到天地境界！德国诗人诺瓦里斯（Novalis）说："混沌的眼，透过秩序的网幕，闪闪地发光。"石涛也说："在于墨海中立定精神，笔锋下决出生活，尺幅上换去毛骨，混沌里放出光明。"艺术要刊落一切表皮，呈显物的晶莹真境。

艺术家经过"写实"、"传神"到"妙悟"境内，由于妙悟，他们"透过鸿蒙之理，堪留百代之奇"。这个使命是够伟大的！

那么艺术意境之表现于作品，就是要透过秩序的网幕，使鸿蒙之理闪闪发光。这秩序的网幕是由各个艺术家的意匠组织线、点、光、色、形体、声音或文字成为有机谐和的艺术形式，以表出意境。

因为这意境是艺术家的独创，是从他最深的"心源"和

"造化"接触时突然的领悟和震动中诞生的，它不是一味客观的描绘，像一照相机的摄影。所以艺术家要能拿特创的"秩序、网幕"来把住那真理的闪光。音乐和建筑的秩序结构，尤能直接地启示宇宙真体的内部和谐与节奏，所以一切艺术趋向音乐的状态、建筑的意匠。

然而，尤其是"舞"，这最高度的韵律、节奏、秩序、理性，同时是最高度的生命、旋动、力、热情，它不仅是一切艺术表现的究竟状态，且是宇宙创化过程的象征。艺术家在这时失落自己于造化的核心，沉冥入神，"穷元妙于意表，合神变乎天机"（唐代大批评家张彦远论画语）。"是有真宰，与之浮沉"（司空图《诗品》语），从深不可测的玄冥的体验中升化而出，行神如空，行气如虹。在这时只有"舞"，这最紧密的律法和最热烈的旋动，能使这深不可测的玄冥的境界具象化、肉身化。

在这舞中，严谨如建筑的秩序流动而为音乐，浩荡奔驰的生命收敛而为韵律。艺术表演着宇宙的创化。所以唐代大书家张旭见公孙大娘剑器舞而悟笔法，大画家吴道子请裴将军舞剑以助壮气说："庶因猛厉以通幽冥！"郭若虚的《图画见闻志》上说：

"（唐）开元中，将军裴旻居丧，诣吴道子，请于东都天宫寺画神鬼数壁，以资冥助。道子答曰："吾画笔久废，若将军有意，为吾缠结，舞剑一曲，庶因猛厉以通幽冥！"旻于是脱去缞服，若常时装束，走马如飞，左旋右转，掷剑入云，高数十丈，若电光下射。旻引手执鞘承之，剑透室而入。观者数千人，无不惊栗。道子于是援毫图壁，飒然风起，为天下之壮观。道子平生绘事得意，无出于此。"

　　诗人杜甫形容诗的最高境界说："精微穿溟涬，飞动摧霹雳。"（《夜听许十一诵诗爱而有作》）前句是写沉冥中的探索，透进造化的精微的机械，后句是指大气盘旋的创造，具象而成飞舞。深沉的静照是飞动的活力的源泉。反过来说，也只有活跃的具体的生命舞姿、音乐的韵律、艺术的形象，才能使静照中的"道"具象化、肉身化。

　　德国诗人荷尔德林（Holdelin）有两句诗含义极深：

　　谁沉冥到
　　那无边际的"深"，
　　将热爱着
　　这最生动的"生"。

　　他这话使我们突然省悟中国哲学境界和艺术境界的特点。中国哲学是就"生命本身"体悟"道"的节奏。"道"具象于生活、礼乐制度。道尤表象于"艺"。灿烂的"艺"赋予"道"以形象和生命，"道"给予"艺"以深度和灵魂。庄子《天地》篇有一段寓言说明只有艺"象罔"才能获得道真"玄珠"：

　　黄帝游乎赤水之北，登乎昆仑之丘而南望，还归，遗其玄珠（司马彪云：玄珠，道真也）。使知（理智）索之而不得。使离朱（色也，视觉也）索之而不得。使喫诟（言辩也）索之而不得也。乃使象罔，象罔得之。黄帝曰："异哉！象罔乃可以得之乎？"

　　吕惠卿注释得好："象则非无，罔则非有，不皦不昧，此玄珠之所以得也。"非无非有，不皦不昧，这正是艺术形象的象征作用。"象"是景象，"罔"是虚幻，艺术家创造虚幻的景象以象征宇宙人生的真际。真理闪耀于艺术形象里，玄珠的皪于象罔里。歌德曾说："真理和神性一样，是永不肯让我们直接识知的。我们只能在反光、譬喻、象征里面观照它。"又说："在璀璨的反光里面我们把握到生命。"生命在他就是宇宙真际。他在《浮士德》里面的诗句"一切消逝者，只是一象征"，更说明"道""真的生命"是寓在一切变灭的形象里。
　　英国诗人勃莱克的一首诗说得好：

　　　一花一世界，一沙一天国，
　　　君掌盛无边，刹那含永劫。

　　　　　　　（田汉译）

　　这诗和中国宋僧道灿的《重阳》诗句："天地一东篱，万古一重九"，都能喻无尽于有限，一切生灭者象征着永恒。
　　人类这种最高的精神活动，艺术境界与哲理境界，是诞生于一个最自由、最充沛的深心的自我。这充沛的自我，真力弥满，万象在旁，掉臂游行，超脱自在，需要空间，供他活动。[1]于是"舞"，是它最直接、最具体的自然流露。"舞"

――――――――――

[1] 参见宗白华：《中西画法所表现的空间意识》。

是中国一切艺术境界的典型。中国的书法、画法都趋向飞舞。庄严的建筑也有飞檐表现着舞姿。杜甫《观公孙大娘弟子舞剑器行》首段云：

昔有佳人公孙氏，一舞剑器动四方，

观者如山色沮丧，天地为之久低昂。

天地是舞，是诗（诗者天地之心），是音乐（大乐与天地同和）。中国绘画境界的特点建筑在这上面。画家解衣盘礴，面对着一张空白的纸（表象着舞的空间），用飞舞的草情篆意谱出宇宙万形里的音乐和诗境。照相机所摄万物形体的底层在纸上是构成一片黑影。物体轮廓线内的纹理形象模糊不清，山上草树崖石不能生动地表出他们的脉络姿态。只在大雪之后，崖石轮廓林木枝干才能显出它们各自的奕奕精神性格，恍如铺垫了一层空白纸，使万物以嵯峨突兀的线纹呈露它们的绘画状态。所以中国画家爱写雪景（王维），这里是天开图画。

中国画家面对这幅空白，不肯让物的底层黑影填实了物体的"面"，取消了空白，像西洋油画，所以直接地在这一片虚白上挥毫运墨，用各式皴文表出物的生命节奏（石涛说："笔之于皴也，开生面也。"）同时借取书法中的草情篆意或隶体表达自己心中的韵律，所绘出的是心灵所直接领悟的物态天趣，造化和心灵的凝合。自由潇洒的笔墨，凭线纹的节奏，色彩的韵律，开径自行，养空而游，蹈光揖影，抟虚成实。[①]

庄子说："虚室生白。"又说："唯道集虚。"中国诗词

---

① 参看前文引方士庶语。

文章里都着重这空中点染、抟虚成实的表现方法，使诗境、语境里面有空间，有荡漾，和中国画面具同样的意境结构。

中国特有的艺术——书法，尤能传达这空灵动荡的意境。唐张怀瓘在他的《书议》里形容王羲之的用笔说："一点一画，意态纵横，偃亚中间，绰有余裕。然字峻秀，类于生动，幽若深远，焕若神明，以不测为量者，书之妙也。"在这里，我们见到书法的妙境通于绘画，虚空中传出动荡，神明里透出幽深，超以象外，得其环中，是中国艺术的一切造境。

王船山在《诗绎》里说："论画者曰，咫尺有万里之势，一势字宜着眼。若不论势，则缩万里于咫尺，直是《广舆记》前一天下图耳。五言绝句以此为落想时第一义。唯盛唐人能得其妙。如'君家何处住，妾住在横塘，停船暂借问，或恐是同乡'，墨气所射，四表无穷，无字处皆其意也！"高日甫论画歌曰："即其笔墨所未到，亦有灵气空中行。"笪重光说："虚实相生，无画处皆成妙境。"三人的话都是注意到艺术境界里的虚空要素。中国的诗词、绘画、书法里，表现着同样的意境结构，代表着中国人的宇宙意识。盛唐王、孟派的诗，固多空花水月的禅境；北宋词人空中荡漾，绵渺无际；就是南宋词人姜白石的"二十四桥仍在，波心荡冷月无声"，周草窗的"看画船，尽入西泠，闲却半湖春色"，也能以空虚衬托实景，墨气所射，四表无穷。但就它渲染的境象说，还是不及唐人绝句能"无字处皆其意"，更为高绝。中国人对"道"的体验，是"于空寂处见流行，于流行处见空寂"，唯道集虚，体用不二，这构成中国人的生命情调和艺术意境的实相。

王船山又说："工部（杜甫）之工，在即物深致，无细不章。右丞（王维）之妙，在广摄四旁，圜中自显。"又说：
"右丞妙手能使在远者近，抟虚成实，则心自旁灵，形自当位。"这话极有意思。"心自旁灵"表现于"墨气所射，四表无穷"，"形自当位"，是"咫尺有万里之势"。"广摄四旁，圜中自显"，"使在远者近，抟虚成实"，这正是大画家、大诗人王维创造意境的手法，代表着中国人于空虚中创现生命的流行，氤氲的气韵。

王船山论到诗中意境的创造，还有一段精深微妙的话，使我们领悟"中国艺术意境之诞生"的终极根据。他说："唯此窅窅摇摇之中，有一切真情在内，可兴可观，可群可怨，是以有取于诗。然因此而诗则又往往缘景缘事，缘以往缘未来，经年苦吟，而不能自道。以追光蹑影之笔，写通天尽人之怀，是诗家正法眼藏。""以追光蹑影之笔，写通天尽人之怀"，这两句话表出中国艺术的最后的理想和最高的成就。唐、宋人诗词是这样，宋、元人的绘画也是这样。

尤其是在宋、元人的山水花鸟画里，我们具体地欣赏到这"追光蹑影之笔，写通天尽人之怀"。画家所写的自然生命，集中在一片无边的虚白上。空中荡漾着"视之不见、听之不闻、搏之不得"的"道"，老子名之为"夷""希""微"。在这一片虚白上幻现的一花一鸟、一树一石、一山一水，都负荷着无限的深意、无边的深情（画家、诗人对万物一视同仁，往往很远的微小的一草一石，都用工笔画出，或在逸笔撇脱中表出微茫惨淡的意趣）。万物浸在光被四表的神的爱中，宁静而深沉。深，像在一和平的梦中，给予观者的感受是一澈透灵魂的安慰和惺惺的微妙的领悟。

　　中国画的用笔，从空中直落，墨花飞舞，和画上虚白，溶成一片，画境恍如"一片云，因日成彩，光不在内，亦不在外，既无轮廓，亦无丝理，可以生无穷之情，而情了无寄"（借王船山评王俭《春诗》绝句语）。中国画的光是动荡着全幅画面的一种形而上的、非写实的宇宙灵气的流行，贯彻中边，往复上下。古绢的黯然而光，尤能传达这种神秘的意味。西洋传统的油画填没画底，不留空白，画面上动荡的光和气氛仍是物理的目睹的实质，而中国画上画家用心所在，正在无笔墨处，无笔墨处却是缥缈天倪，化工的境界（即其笔墨所未到，亦有灵气空中行）。这种画面的构造是植根于中国心灵里葱茏氤氲、蓬勃生发的宇宙意识。王船山说得好："两间之固有者，自然之华，因流动生变而成绮丽，心目之所及，文情赴之，貌其本荣，如所存而显之，即以华奕照耀，动人无际矣！"这不是唐诗宋画，给予我们的征象吗？

　　然而近代文人的诗笔画境缺乏照人的光彩，动人的情致，丰富的意象，这是民族心灵一时枯萎的征象吗？中国人爱在山水中设置空亭一所。戴醇士说："群山郁苍，群木荟蔚，空亭翼然，吐纳云气。"一座空亭竟成为山川灵气动荡吐纳的交点和山川精神聚集的处所。倪云林每画山水，多置空亭，他有"亭下不逢人，夕阳澹秋影"的名句。张宣题倪画《溪亭山色图》诗云："石滑岩前雨，泉香树杪风。江山无限景，都聚一亭中。"苏东坡《涵虚亭》诗云："惟有此亭无一物，坐观万景得天全。"唯道集虚，中国建筑也表现着中国人的宇宙情调。

　　空寂中生气流行，鸢飞鱼跃，是中国人艺术心灵与宇宙意象"两镜相入"互摄互映的华严境界。倪云林有一绝句，最能

写出此境：

> 兰生幽谷中，倒影还自照。
> 无人作妍媛，春风发微笑。

希腊神话里水仙之神（Narciss）临水自鉴，眷恋着自己的仙姿，无限相思，憔悴以死。中国的兰生幽谷，倒影自照，孤芳自赏，虽感空寂，却有春风微笑相伴，一呼一吸，宇宙息息相关，悦怿风神，悠然自足。（中西精神的差别相）

艺术的境界，既使心灵和宇宙净化，又使心灵和宇宙深化，使人在超脱的胸襟里体味到宇宙的深境。

唐朝诗人常建的《江上琴兴》一诗，最能写出艺术（琴声）这净化、深化的作用：

> 江上调玉琴，一弦清一心。
> 泠泠七弦遍，万木澄幽阴。
> 能使江月白，又令江水深。
> 始知梧桐枝，可以徽黄金。

中国文艺里意境高超莹洁而具有壮阔幽深的宇宙意识生命情调的作用也不可多见。我们可以举出宋人张于湖的一首词来，他的《念奴娇·过洞庭》词云：

> 洞庭青草，近中秋，更无一点风色。玉鉴琼田三万顷，著我片舟一叶。素月分晖，明河共影，表里俱澄澈。悠悠心会，

妙处难与君说。

应念岭表经年，孤光自照，肝胆皆冰雪。短发萧疏襟袖冷，稳泛沧溟空阔。尽挹西江，细斟北斗，万象为宾客（按：对空间之超脱）。扣舷独啸，不知今夕何夕（按：对时间之超脱）！

这真是"雪涤凡响，棣通太音，万尘息吹，一真孤露"。笔者自己也曾写过一首小诗，希望能传达中国心灵的宇宙情调，不揣陋劣，附在这里，借供参证：

飙风天际来，绿压群峰暝。
云罅漏夕晖，光写一川冷。
悠悠白鹭飞，淡淡孤霞迥。
系缆月华生，万象浴清影。
　　（《柏溪夏晚归棹》）

艺术的意境有它的深度、高度、阔度。杜甫诗的高、大、深，俱不可及。"吐弃到人所不能吐弃为高，含茹到人所不能含茹为大，曲折到人所不能曲折为深。"（刘熙载评杜甫诗语）叶梦得《石林诗话》里也说："禅家有三种语，老杜诗亦然。如'波漂菰米沉云黑，露冷莲房坠粉红'，为涵盖乾坤语。'落花游丝白日静，鸣鸠乳燕青春深'，为随波逐浪语。'百年地僻柴门迥，五月江深草阁寒'，为截断众流语。"涵盖乾坤是大，随波逐浪是深，截断众流是高。李太白的诗也具有这高、深、大，但太白的情调较偏向于宇宙境象的大和高。太白登华山落雁峰，说："此山最高，呼吸之气，想通帝座，恨不携谢朓惊人句来，搔首问青天耳！"（唐语林）杜甫则"直取性情真"（杜甫诗句），他更能以深情掘发人性的深度，他具有但丁的沉着的热情和歌德的具体表现力。

李、杜境界的高、深、大，王维的静远空灵，都植根于一个活跃的、至动而有韵律的心灵。承继这心灵，是我们深衷的喜悦。

美从何处寻

啊，诗从何处寻？／从细雨下，点碎落花声，／从微风里，飘来流水音，／从蓝空天末，摇摇欲坠的孤星！（《流云》小诗）

尽日寻春不见春，芒鞋踏遍陇头云。归来笑拈梅花嗅，春在枝头已十分。（《鹤林玉露》中载某尼悟道诗）

诗和春都是美的化身，一是艺术的美，一是自然的美。我们都是从目观耳听的世界里寻得她的踪迹。某尼悟道诗大有禅意，好像是说"道不远人"，不应该"道在迩而求诸远"。好像是说："如果你在自己的心中找不到美，那么，你就没有地方可以发现美的踪迹。"

然而梅花仍是一个外界事物呀，大自然的一部分呀！你的心不是"在"自己的心的过程里，感觉、情绪、思维里找到美，而只是"通过"感觉、情绪、思维找到美，发现梅花里的美。美对于你的心，你的"美感"是客观的对象和存在。你如果要进一步认识她，你可以分析她的结构、形象，组成的各部分，得出"谐和"的规律，"节奏"的规律，表现的内容，丰富的启示，而不必顾到你自己的心的活动，你越能忘掉自我，忘掉你自己的情绪波动，思维起伏，你就越能够"漱涤万物，牢笼百态"（柳宗元语），你就会像一面镜子，像托尔斯泰那样，照见了一个世界，丰富了自己，也丰富了文化。人们会感谢你的。

那么，你在自己的心里就找不到美了吗？我说，我们的心灵起伏万变，情欲的波涛，思想的矛盾，当我们身在其中时，恐怕尝到的是苦闷，而未必是美。只有莎士比亚或巴尔扎克把它形象化了，表现在文艺里，或是你自己手之舞之，足之蹈之，把你的欢乐表现在舞蹈的形象里，或把你的忧郁歌咏在有节奏的诗歌里，甚至在你的平日的行动里、语言里，一句话说来，就是你的心要具体地表现在形象里，那时旁人会看见你的心灵的美，你自己也才真正地、切实地、具体地发现你心里的美。除此以外，恐怕不容易吧！你的心可以发现美的对象（人生的，社会的，自然的），这"美"对于你是客观的存在，不以你的意志为转移。（你的意志只能主使你的眼睛去看她，或不去看她，而不能改变她。你能训练你的眼睛深一层地去认识她，却不能动摇她。希腊伟大的艺术不因中古时代的晦暗而减少它的光辉。）

宋朝某尼虽然似乎悟道，然而她的觉悟不够深，不够高，她不能发现整个宇宙已经盎然有春意，假使梅花枝上已经春满十分了。她在踏遍陇头云时是苦闷的，失望的。她把自己关在狭窄的心的圈子里了。只在自己的心里去找寻美的踪迹是不够的，是大有问题的。王羲之在《兰亭序》里说："仰观宇宙之大，俯察品类之盛，所以游目骋怀……极视听之娱，信可乐也。"这是东晋大书家在寻找美的踪迹。他的书法传达了自然的美和精神的美。不仅是大宇宙，小小的事物也不可忽视。诗人华滋沃斯曾经说过："一朵微小的花对于我可以唤起不能用眼泪表出的那样深的思想。"

达到这样的、深入的美感，发现这样深度的美，是要在主观心理方面具有条件和准备的。我们的感情是要经过一番洗涤，克服了小己的私欲和利害计较。矿石商人仅只看到矿石的货币价值，而看不见矿石的美的特性。我们要把整个情绪和思想改造一下，移动了方向，才能面对美的形象，把美如实地和深入地反映到心里来，再把它放射出去，凭借物质创造形象给表达出来，才成为艺术。中国古代曾有人把这个过程唤作"移人之情"或"移我情"。琴曲《伯牙水仙操》的序上说：

伯牙学琴于成连，三年而成。至于精神寂寞，情之专一，未能得也。成连曰："吾之学不能移人之情，吾之师有方子春在东海中。"乃赍粮从之，至蓬莱山，留伯牙曰："吾将迎吾师！"划船而去，旬日不返。伯牙心悲，延颈四望，但闻海水汩没，山林窅冥，群鸟悲号，仰天叹曰："先生将移我情！"乃援操而作歌云："繄洞庭兮流斯护，舟楫逝兮仙不还。移形素兮蓬莱山，欸钦伤宫仙不还。"

伯牙由于在孤寂中受到大自然强烈的震撼，生活上的异常遭遇，整个心境受了洗涤和改造，才达到艺术的最深体会，把握到音乐的创造性的旋律，完成他的美的感受和创造。这个"移情说"比起德国美学家栗卜斯的"情感移入论"似乎还要深刻些，因为它说出现实生活中的体验和改造是"移情"的基础呀！并且"移易"和"移入"是不同的。

　　这里所理解的"移情"应当是我们审美的心理方面的积极因素和条件，而美学家所说的"心理距离""静观"，也构成审美的消极条件。长沙女子郭六芳有一首诗《舟还长沙》说得好：

　　侬家家住两湖东，十二珠帘夕照红。

　　今日忽从江上望，始知家在画图中。

　　自己住在现实生活里，没有能够把握到它的美的形象。等到自己对自己的日常生活有相当的距离，从远处来看，才发现家在图画中，融在自然的一片美的形象里。

　　但是在这主观心理条件之外也还需要客观的物的方面的条件。在这里是那夕照的红和十二珠帘的具有节奏与和谐的形象。宋人陈简斋的海棠诗云"隔帘花叶有辉光"，帘子造成了距离，同时它的线纹的节奏也更能把帘外的花叶纳进美的形象，增加了它的光辉闪灼，呈显出生命的华美，就像一段欢愉生活嵌在素朴而具有优美旋律的歌词里一样。

　　这节奏、这旋律、这和谐等等，它们是离不开生命的表现，它们不是死的机械的空洞的形式，而是具有内容，有表现、有丰富意义的具体形象。形象不是形式，而是形式和内容的统一，形式中每一个点、线、色、形、音、韵，都表现着内容的意义、情感、价值。所以诗人艾里略说："一个造出新节奏来的人，就是一个拓展了我们的感性并使它更为高明的人。"又说："创造一种形式并不是仅仅发明一种格式，一种韵律或节奏，而是这种韵律或节奏的整个合适的内容的发觉。莎士比亚的十四行诗并不仅是如此这般的一种格式或图形，而是一种恰是如此思想感情的方式"，而具有着理想的形式的诗是"如此这般的诗，以致我们看不见所谓诗，而但注意着诗所指示的东西"（《诗的作用和批评的作用》）。这里就是"美"，就是美感所受的具体对象。它是通过美感来摄取的美，而不是美感的主观的心理活动自身。就像物质的内容部构和规律是抽象思维所摄取的，但自身却不是抽象思维而是具体事物。所以专在心内搜寻是达不到美的踪迹的。美的踪迹要到自然、人生、社会的具体形象里去找。

但是心的陶冶，心的修养和锻炼是替美的发现和体验做准备。创造"美"也是如此。捷克诗人里尔克在他的《柏列格的随笔》里的一段话精深微妙，梁宗岱曾把它译出，介绍如下：

……一个人早年作的诗是这般乏意义，我们应该毕生期待和采集，如果可能，还要悠长的一生。然后，到晚年，或者可以写出十行好诗。因为诗并不像大家所想象，徒是情感（这是我们很早就有了的），而是经验。单要写一句诗，我们得要观察过许多城许多人许多物，得要认识走兽，得要感到鸟儿怎样飞翔和知道小花清晨舒展的姿势。得要能够回忆许多远路和僻境，意外的邂逅，眼光望它接近的分离，神秘还未启明的童年和容易生气的父母，当他给你一件礼物而你不明白的时候（因为那原是为别一人设的欢喜）和离奇变幻的小孩子的病，和在一间静穆而紧闭的房里度过的日子，海滨的清晨和海的自身和那与星斗齐飞的高声呼号的夜间的旅行——而单是这些犹未足，还要享受过许多夜不同的狂欢，听过妇人产时的呻吟，和堕地便瞑目的婴儿轻微的哭声，还要曾经坐在临终人的床头和死者的身边，在那打开的、外边的声音一阵阵拥进来的房里。可是单有记忆犹未足，还要能够忘记它们，当它们太拥挤的时候，还要有很大的忍耐去期待它们回来。因为回忆本身还不是这个，必要等到它们变成我们的血液、眼色和姿势了，等到它们没有了名字而且不能别于我们自己了，那么，然后可以希望在极难得的顷刻，在它们当中伸出一句诗的头一个字来。

这里是大诗人里尔克在许许多多的事物里、经验里，去踪迹诗，去发现美，多么艰辛的劳动呀！他说，诗不徒是感情，而是经验。现在我们也就转过方向，从客观条件来考察美的对象的构成。改造我们的感情，使它能够发现美，中国古人曾经把这唤作"移我情"，改变着客观世界的现象，使它能够成为美的对象，中国古人曾经把这唤作"移世界"。

"移我情""移世界"，是美的形象涌现出来的条件。

我们上面所引长沙女子郭六芳诗中说过"今日忽从江上望，始知家在画图中"，这是心理距离构成审美的条件。但是"十二珠帘夕照红"，却构成这幅美的形象的客观的积极的因素。夕照，月明，灯光，帘幕，薄纱，轻雾，人人知道是助成美的出现的有力的因素，现代的照相术和舞台布景知道这个而尽量利用着。中国古人曾经唤作"移世界"。

明朝文人张大复在他的《梅花草堂笔谈》里记述着：

　　邵茂齐有言："天上月色能移世界。"果然！故夫山石泉涧，梵刹园亭，屋庐竹树，种种常见之物，月照之则深，蒙之则净；金碧之彩，披之则醇；惨悴之容，承之则奇；浅深浓淡之色，按之望之，则屡易而不可了。以至河山大地，邈若皇古；犬吠松涛，远于岩谷；草生木长，闲如坐卧；人在月下，亦尝忘我之为我也。今夜严叔向，置酒破山僧舍，起步庭中，幽华可爱。旦视之，酱盎粉然，瓦石布地而已。戏书此以信茂齐之话，时十月十六日，万历丙年三十四年也。

　　月亮真是一个大艺术家，转瞬之间替我们移易了世界，美的形象，涌现在眼前，但是第二天早晨起来看，瓦石布地而已。于是有人得出结论说：美是不存在的。我却要更进一步推论说，瓦石也只是无色无形的原子或电磁波，而这个也只是思想的假设，我们能抓住的只是一堆抽象数学方程式而已。究竟什么是真实的存在？所以我们要回转头来说，我们现实生活里直接经验到，不以我们的意志为转移的，丰富多彩的，有声有色有形有相的世界就是真实存在的世界，这是我们生活和创造的园地。所以马克思很欣赏近代唯物论的第一个创始者培根的著作里所说的"物质以其感觉的诗意的光辉向着整个的人微笑"（见《神圣家族》），而不满意霍布士的唯物论里"感觉失去了它的光辉而变为几何学家的抽象感觉，唯物论变成了厌世论"。在这里物的感性的质、光、色、声、热等不是物质所固有的了，光、色、声中的美更成了主观的东西，于是世界成

了灰白色的骸骨，机械的死的过程。恩格斯也主张我们的思想要像一面镜子，如实地反映这多彩的世界。美是存在着的！世界是美的，生活是美的。它和真和善是人类社会努力的目标，是哲学探索和建立的对象。

美不但是不以我们的意志为转移的客观存在，反过来，它影响着我们，它教育着我们，提高生活的境界和意趣。它的力量大极了，它也可以倾国倾城。希腊大诗人荷马的著名史诗《伊利亚特》歌咏希腊联军围攻特罗亚9年，为的是夺回美人海伦，而海伦的美叫他们感到9年的辛劳和牺牲不是白费的。现在引述这一段名句：

　　特罗亚长老们也一样地高踞城雉，／当他们看见了海伦在城垣上出现，／老人们便轻轻低语，彼此交谈机密："怪不得特罗亚人和坚胫甲阿开人／为了这个女人这么久忍受苦难呢，／她看来活像一个青春长驻的女神。／可是，尽管她多美，也让她乘船去吧，／别留这里给我们子子孙孙作祸根。"（缪朗山译《伊利亚特》）

荷马不用浓丽的辞藻来描绘海伦的容貌，而从她的巨大的惨酷的影响和力量轻轻地点出她的倾国倾城的美。这是他的艺术高超处，也是后人所赞叹不已的。

我们寻到美了吗？我说，我们或许接触到美的力量，肯定了她的存在，而她的无限的丰富内涵却是不断地待我们去发现；千百年来的诗人、艺术家已经发现了不少，保藏在他们的作品里，千百年后的世界仍会有新的发现。"每一个造出新节奏来的人，就是一个拓展了我们的感性并使它更为高明的人！"

论《世说新语》与晋人的美

汉末魏晋六朝是中国政治上最混乱、社会上最苦痛的时代，然而却是精神史上极自由、极解放，最富于智慧、最浓于热情的一个时代，因此也就是最富有艺术精神的一个时代。王羲之父子的字，顾恺之和陆探微的画，戴逵和戴颙的雕塑，嵇康的广陵散（琴曲），曹植、阮籍、陶潜、谢灵运、鲍照、谢朓的诗，郦道元、杨衒之的写景文，云岗、龙门壮伟的造像，洛阳和南朝的阂丽的寺院，无不是光芒万丈，前无古人，奠定了后代文学艺术的根基与趋向。

这时代以前——汉代，在艺术上过于质朴，在思想上定于一尊，统治于儒教；这时代以后——唐代，在艺术上过于成熟，在思想上又入于儒、佛、道三教的支配。只有这几百年间是精神上的大解放，人格上、思想上的大自由。人心里面的美与丑、高贵与残忍、圣洁与恶魔，同样发挥到了极致。这也是中国周秦诸子以后第二度的哲学时代，一些卓超的哲学天才——佛教的大师，也是生在这个时代。

　　这是中国人生活史里点缀着最多的悲剧，富于命运的罗曼司的一个时期，八王之乱、五胡乱华、南北朝分裂，酿成社会秩序的大解体，旧礼教的总崩溃、思想和信仰的自由、艺术创造精神的勃发，使我们联想到西欧16世纪的"文艺复兴"。这是强烈、矛盾、热情、浓于生命彩色的一个时代。

　　但是西洋"文艺复兴"的艺术（建筑、绘画、雕刻）所表现的美，是浓郁的、华贵的、壮硕的；魏晋人则倾向简约玄澹、超然绝俗的哲学的美，晋人的书法是这美的最具体的表现。

　　这晋人的美，是这全时代的最高峰。《世说新语》一书记述得挺生动，能以简劲的笔墨画出它的精神面貌、若干人物的性格、时代的色彩和空气。文笔的简约玄澹尤能传神。撰述人刘义庆生于晋末，注释者刘孝标也是梁人；当时晋人的流风余韵犹未泯灭，所述的内容，至少在精神的传模方面，离真相不远（唐修《晋书》也多取材于它）。

　　要研究中国人的美感和艺术精神的特性，《世说新语》一书里有不少重要的资料和启示，是不可忽略的。今就个人读书札记粗略举出数点，以供读者参考，详细而有系统的发挥，则有待于将来。

晋人的自然主义和个性主义

　　魏晋人生活上、人格上的自然主义和个性主义，解脱了汉代儒教统治下的礼法束缚，在政治上先已表现于曹操那种超道德观念的用人标准。一般知识分子多半超脱礼法观点直接欣赏人格个性之美，尊重个性价值。桓温问殷浩曰："卿何如我？"殷答曰："我与我周旋久，宁作我！"这种自我价值的发现和肯定，在西洋是文艺复兴以来的事。而《世说新语》上第六篇《雅量》、第七篇《识鉴》、第八篇《赏誉》、第九篇《品藻》、第十四篇《容止》，都系鉴赏和形容"人格个性之美"的。而美学上的评赏，所谓"品藻"的对象乃在"人物"。中国美学竟是出发于"人物品藻"之美学。美的概念、范畴、形容词，发源于人格美的评赏。"君子比德于玉"，中国人对于人格美的爱赏渊源极早，而品藻人物的空气，已盛行于汉末。到"世说新语时代"则登峰造极了（《世说》载"温太真是过江第二流之高者。时名辈共说人物，第一将尽之间，温常失色"，即此可见当时人物品藻在社会上的势力）。

中国艺术和文学批评的名著，谢赫的《画品》，袁昂、庾肩吾的《书品》、钟嵘的《诗品》、刘勰的《文心雕龙》，都产生在这热闹的品藻人物的空气中。后来唐代司空图的《二十四诗品》，乃集我国美感范畴之大成。

山水美的发现和晋人的艺术心灵

《世说》载东晋画家顾恺之从会稽还，人问山水之美，顾云："千岩竞秀，万壑争流，草木蒙笼其上，若云兴霞蔚。"这几句话不是后来五代北宋荆（浩）、关（仝）、董（源）、巨（然）等山水画境界的绝妙写照吗？中国伟大的山水画的意境，已包具于晋人对自然美的发现中了！而《世说》载简文帝入华林园，顾谓左右曰："会心处不必在远，翳然林水，便自有濠濮间想也，觉鸟兽禽鱼自来亲人。"这不又是元人山水花鸟小幅，黄大痴、倪云林、钱舜举、王若水的画境吗？（中国

南宗画派的精意在于表现一种潇洒胸襟，这也是晋人的流风余韵。）

晋宋人欣赏山水，由实入虚，即实即虚，超入玄境。当时画家宗炳云："山水质有而趣灵。"诗人陶渊明的"采菊东篱下，悠然见南山""此中有真意，欲辨已忘言"，谢灵运的"溟涨无端倪，虚舟有超越"，以及袁彦伯的"江山辽落，居然有万里之势。"王右军与谢太傅共登冶城，谢悠然远想，有高世之志。荀中郎登北固望海云："虽未睹三山，便自使人有凌云意。"晋宋人欣赏自然，有"目送归鸿，手挥五弦"，超然玄远的意趣。这使中国山水画自始即是一种"意境中的山水"。宗炳画所游山水悬于室中，对之云："抚琴动操，欲令众山皆响！"郭景纯有诗句曰："林无静树，川无停流。"阮孚评之云："泓峥萧瑟，实不可言，每读此文，辄觉神超形越。"这玄远幽深的哲学意味深透在当时人的美感和自然欣赏中。

晋人以虚灵的胸襟、玄学的意味体会自然，乃能表里澄澈，一片空明，建立最高的晶莹的美的意境！司空图《诗品》里曾形容艺术心灵为"空潭写春，古镜照神"，此境晋人有之。王羲之曰："从山阴道上行，如在镜中游！"心情的朗澄，使山川影映在光明净体中！

王司州（修龄）至吴兴印渚中看，叹曰："非唯使人情开涤，亦觉日月清朗！"

司马太傅（道子）斋中夜座，于时天月明净，都无纤䂮，太傅叹以为佳。谢景重在坐，答曰："意谓乃不如微云点缀。"太傅因戏谢曰："卿居心不净，乃复强欲滓秽太清邪？"

　　这样高洁爱赏自然的胸襟，才能够在中国山水画的演进中产生元人倪云林那样"洗尽尘滓，独存孤迥""潜移造化而与天游""乘云御风，以游于尘垢之表"（皆恽南田评倪画语），创立一个玉洁冰清、宇宙般幽深的山水灵境。晋人的美的理想，很可以注意的，是显著地追慕着光明鲜洁、晶莹发亮的意象。他们赞赏人格美的形容词像"濯濯如春月柳""轩轩如朝霞举""清风朗月""玉山""玉树""磊砢而英多""爽朗清举"，都是一片光亮意象。甚至殷仲堪死后，殷仲文称他"虽不能休明一世，足以映彻九泉"。形容自然界的如"清露晨流，新桐初引"。形容建筑的如"遥望层城，丹楼如霞"。庄子的理想人格"藐姑射仙人，绰约若处子，肌肤若冰雪"，不是这晋人的美的意象的源泉吗？桓温谓谢尚"企脚北窗下，弹琵琶，故自有天际真人想"。天际真人是晋人理想的人格，也是理想的美。

　　晋人风神潇洒，不滞于物，这优美的自由的心灵找到一种最适宜于表现他自己的艺术，这就是书法中的行草。行草艺术纯系一片神机，无法而有法，全在于下笔时点画自如，一点一拂皆有情趣，从头至尾，一气呵成，如天马行空，游行自在。又如庖丁之中肯綮，神行于虚。这种超妙的艺术，只有晋人萧散超脱的心灵，才能心手相应，登峰造极。魏晋书法的特色，是能尽各字的真态。"钟繇每点多异，羲之万字不同"。"晋人结字用理，用理则从心所欲不逾矩"。

唐张怀瓘《书议》评王献之书云：

"子敬之法，非草非行，流便于行草；又处于其中间，无藉因循，宁拘制则，挺然秀出，务于简易。情驰神纵，超逸优游，临事制宜，从意适便。有若风行雨散，润色开花，笔法体势之中，最为风流者也！逸少秉真行之要，子敬执行草之权，父之灵和，子之神俊，皆古今之独绝也。"

他这一段话不但传出行草艺术的真精神，且将晋人这自由潇洒的艺术人格形容尽致。中国独有的美术书法——这书法也是中国绘画艺术的灵魂——是从晋人的风韵中产生的。魏晋的玄学使晋人得到空前绝后的精神解放，晋人的书法是这自由的精神人格最具体、最适当的艺术表现。这抽象的音乐似的艺术才能表达出晋人的空灵的玄学精神和个性主义的自我价值。欧阳修云：

"余尝喜览魏晋以来笔墨遗迹，而想前人之高致也！所谓法帖者，其事率皆吊哀候病，叙睽离，通讯问，施于家人朋友之间，不过数行而已。盖其初非用意，而逸笔余兴，淋漓挥洒，或妍或丑，百态横生，披卷发函，烂然在目，使人骤见惊绝，徐而视之，其意态如无穷尽，使后世得之，以为奇玩，而想见其为人也！"

个性价值之发现，是"世说新语时代"的最大贡献，而晋人的书法是这个性主义的代表艺术。到了隋唐，晋人书艺中的"神理"凝成了"法"，于是"智永精熟过人，惜无奇态矣"。

"一往情深"的晋人

晋人艺术境界造诣的高，不仅是基于他们的意趣超越，深入玄境，尊重个性，生机活泼，更主要的还是他们的"一往情深"！无论对于自然，对于探求哲理，对于友谊，都有可述：

王子敬云："从山阴道上行，山川自相映发，使人应接不暇。若秋冬之际，尤难为怀！"

好一个"秋冬之际，尤难为怀！"

卫玠总角时问乐令"梦"。乐云："是想。"卫曰："形神所不接而梦，岂是想邪？"乐云："因也。未尝梦乘车入鼠穴，捣齑啖铁杵，皆无想无因故也。"卫思因，经日不得，遂成病。乐闻，故命驾为剖析之。卫即小差。乐叹曰："此儿胸中当必无膏肓之疾！"

卫玠姿容极美，风度翩翩，而因思索玄理不得，竟至成病，这不是柏拉图所说的富有"爱智的热情"吗？

晋人虽超，未能忘情，所谓"情之所钟，正在我辈！"（王戎语）是哀乐过人，不同流俗。尤以对于朋友之爱，里面富有人格美的倾慕。《世说》中《伤逝》一篇记述颇为动人。庾亮死，何扬州临葬云："埋玉树著土中，使人情何能已已！"伤逝中犹具悼惜美之幻灭的意思。

顾长康拜桓宣武墓，作诗云："山崩溟海竭，鱼鸟将何依？"人问之曰："卿凭重桓乃尔，哭之状其可见乎？"顾曰："鼻如广莫长风，眼如悬河决溜！"

顾彦先平生好琴，及丧，家人常以琴置灵床上，张季鹰往哭之，不胜其恸，遂径上床，鼓琴，作数曲竟，抚琴曰："顾彦先颇复赏此否？"因又大恸，遂不执孝子手而出。

桓子野每闻清歌，辄唤奈何，谢公闻之，曰："子野可谓一往有深情。"

王长史登茅山，大恸哭曰："琅琊王伯舆，终当为情死！"

（阮籍）时率意独驾，不由径路，车迹所穷，辄恸哭而返。

深于情者，不仅对宇宙人生体会到至深的无名的哀感，扩而充之，可以成为耶稣、释迦的悲天悯人；就是快乐的体验也是深入肺腑，惊心动魄；浅俗薄情的人，不仅不能深哀，且不知所谓真乐：

王右军既去官，与东土人士营山水弋钓之乐。游名山，泛沧海，叹曰："我卒当以乐死！"

晋人富于这种宇宙的深情，所以在艺术文学上有那样不可企及的成就。顾恺之有三绝：画绝、才绝、痴绝。其痴尤不可及！陶渊明的纯厚天真与侠情，也是后人不能到处。

晋人向外发现了自然，向内发现了自己的深情。山水虚灵化了，也情致化了。陶渊明、谢灵运这般人的山水诗那样的好，是由于他们对于自然有那一股新鲜发现时身入化境浓酣忘我的趣味；他们随手写来，都成妙谛，境与神会，真气扑人。谢灵运的"池塘生春草"也只是新鲜自然而已。然而扩而大之，体而深之，就能构成一种泛神论宇宙观，作为艺术文学的基础。孙绰《游天台山赋》云："恣语乐以终日，等寂默于不言，浑万象以冥观，兀同体于自然。"又云："游览既周，体静心闲。害马已去，世事都捐。投刃皆虚，目牛无全。凝思幽岩，朗咏长川。"在这种深厚的自然体验下，产生了王羲之的《兰亭序》，鲍照的《登大雷岸与妹书》，陶弘景、吴均的《叙景短札》，郦道元的《水经注》，这些都是最优美的写景文学。

晋人的精神是最哲学的

我说魏晋时代人的精神是最哲学的，因为是最解放的、最自由的。

支公（道林）好鹤，住剡东峁山，有人遗其双鹤。少时翅长欲飞。支意惜之，乃铩其翮。鹤轩翥不复能飞，乃反顾翅垂头，视之如有懊丧意。林曰："既有凌霄之姿，何肯为人作耳目近玩！"养令翮成，置使飞去。

晋人酷爱自己精神的自由，才能推己及物，有这意义伟大的动作。这种精神上的真自由、真解放，才能把我们的胸襟像一朵花似的展开，接受宇宙和人生的全景，了解它的意义，体会它的深沉的境地。近代哲学上所谓"生命情调""宇宙意识"，遂在晋人这超脱的胸襟里萌芽起来（使这时代容易接受和了解佛教大乘思想）。

卫洗马（玠）初欲渡江，形神惨悴，语左右云："见此茫茫，不觉百端交集，苟未免有情，亦复谁能遣此？"

后来初唐陈子昂《登幽州台歌》："前不见古人，后不见来者。念天地之悠悠，独怆然而涕下！"不是从这里脱化出来？而卫玠的一往情深，更令人心恸神伤，寄慨无穷。（然而孔子在川上，曰："逝者如斯夫，不舍昼夜！"则觉更哲学，更超然，气象更大。）

谢太傅语王右军曰："中年伤于哀乐，与亲友别，辄作数日恶。"

人到中年才能深切地体会到人生的意义、责任和问题，反省到人生的究竟，所以哀乐之感得以深沉。但丁的《神曲》起始于中年的徘徊歧路，是具有深意的。

桓公（温）北征，经金城，见前为琅琊时种柳，皆已十围，慨然曰："木犹如此，人何以堪？"攀枝执条，泫然流泪。

桓温武人，情致如此！庾子山著《枯树赋》，末尾引桓大司马曰："昔年种柳，依依汉南。今看摇落，凄怆江潭。树犹如此，人何以堪？"他深感到桓温这话的凄美，把它敷演成一首四言的抒情小诗了。

然而王羲之的《兰亭》诗："仰视碧天际，俯瞰渌水滨。寥阒无涯观，寓目理自陈。大哉造化工，万殊莫不均。群籁虽参差，适我无非新。"真能代表晋人这纯净的胸襟和深厚的感觉所启示的宇宙观。"群籁虽参差，适我无非新"两句尤能写出晋人以新鲜活泼、自由自在的心灵领悟这世界，使触着的一切呈露新的灵魂、新的生命。于是"寓目理自陈"，这理不是机械的陈腐的理，乃是活泼的宇宙生机中所含至深的理。王羲之另有两句诗云："争先非吾事，静照在忘求。""静照"是一切艺术及审美生活的起点。这里，哲学彻悟的生活和审美生活，源头上是一致的。晋人的文学艺术都浸润着这新鲜活泼的"静照在忘求"和"适我无非新"的哲学精神。大诗人陶渊明的"日暮天无云，春风扇微和""即事多所欣""良辰入奇怀"，写出这丰厚的心灵"触着每秒光阴都成了黄金"。

晋人之美，美在神韵

晋人的"人格的唯美主义"和友谊的重视，培养成为一种高级社交文化如"竹林之游，兰亭禊集"等。玄理的辩论和人物的品藻是这社交的主要内容。因此谈吐措辞的隽妙，空前绝后。晋人书札和小品文中隽句天成，俯拾即是。陶渊明的诗句和文句的隽妙，也是这"世说新语时代"的产物。陶渊明散文化的诗句又遥遥地影响着宋代散文化的诗派。苏、黄、米、蔡等人们的书法也力追晋人萧散的风致，但总嫌做作夸张，没有晋人的自然。

晋人之美，美在神韵（人称王羲之的字韵高千古）。神韵可说是"事外有远致"，不黏滞于物的自由精神（目送归鸿，手挥五弦）。这是一种心灵的美，或哲学的美，这种事外有远致的力量，扩而大之可以使人超然于死生祸福之外，发挥出一种镇定的大无畏的精神来：

谢太傅盘桓东山时，与孙兴公诸人泛海戏。风起浪涌，孙（绰）、王（羲之）诸人色并遽，便唱使还。太傅神情方王，吟啸不言。舟人以公貌闲意说，犹去不止。既风转急，浪猛，诸人皆喧动不坐。公徐云："如此，将无归？"众人皆承响而回。于是审其量，足以镇安朝野。

美之极，即雄强之极。王羲之书法人称其字势雄逸，如龙跳天门，虎卧凤阙。淝水的大捷植根于谢安这美的人格和风度中。谢灵运泛海诗"溟涨无端倪，虚舟有超越"，可以借来体会谢公此时的境界和胸襟。

枕戈待旦的刘琨，横江击楫的祖逖，雄武的桓温，勇于自新的周处、戴渊，都是千载下懔懔有生气的人物。桓温过王敦墓，叹曰："可儿！可儿！"心焉向往那豪迈雄强的个性，不拘泥于世俗观念，而赞赏"力"，力就是美。

庾道季说："廉颇、蔺相如虽千载上死人，懔懔恒如有生气。曹蜍、李志虽见在，厌厌如九泉下人。人皆如此，便可结绳而治。但恐狐狸猯狢啖尽！"这话何其豪迈、沉痛。晋人崇尚活泼生气，蔑视世俗社会中的伪君子、乡愿、战国以后两千年来中国的"社会栋梁"。

晋人的美学是"人物的品藻"

晋人的美学是"人物的品藻"，引例如下：

王武子、孙子荆各言其土地人物之美。王云："其地坦而平，其水淡而清，其人廉且贞。"孙云："其山嶵巍以嵯峨，其水㳌渫而扬波，其人磊砢而英多。"

桓大司马（温）病，谢公往省病，从东门入。桓公遥望，叹曰："吾门中久不见如此人！"

嵇康身长七尺八寸，风姿特秀，见者叹曰："萧萧肃肃，爽朗清举。"或云："肃肃如松下风，高而徐引。"山公曰："嵇叔夜之为人也，岩岩若孤松之独立，其醉也，傀俄若玉山之将崩！"

海西时，诸公每朝，朝堂犹暗，唯会稽王来，轩轩如朝霞举。

谢太傅问诸子侄："子弟亦何预人事，而正欲使其佳？"诸人莫有言者。车骑（谢玄）答曰："譬如芝兰玉树，欲使其生于阶庭耳。"

人有叹王恭形茂者，曰："濯濯如春月柳。"

刘尹云："清风朗月，辄思玄度。"

拿自然界的美来形容人物品格的美，例子举不胜举。这两方面的美——自然美和人格美——同时被魏晋人发现。人格美的推重已滥觞于汉末，上溯至孔子及儒家的重视人格及其气象。"世说新语时代"尤沉醉于人物的容貌、器识、肉体与精神的美。所以"看杀卫玠"，而王羲之——他自己被时人目为"飘如游云，矫如惊龙"——见杜弘治叹曰："面如凝脂，眼如点漆，此神仙中人也！"

而女子谢道韫亦神情散朗，奕奕有林下风。根本《世说》里面的女性多能矫矫脱俗，无脂粉气。

总而言之，这是中国历史上最有生气，活泼爱美，美的成就极高的一个时代。美的力量是不可抵抗的，见下一段故事：

桓宣武平蜀，以李势妹为妾，甚有宠，常著斋后。主（温尚明帝女南康长公主）始不知，既闻，与数十婢拔白刃袭之。正值李梳头，发委藉地，肤色玉曜，不为动容，徐曰："国破家亡，无心至此，今日若能见杀，乃是本怀！"主惭而退。

话虽如此，晋人的美感和艺术观，就大体而言，是以老庄哲学的宇宙观为基础，富于简淡、玄远的意味，因而奠定了一千五百年来中国美感——尤以表现于山水画、山水诗的基本趋向。

　　中国山水画的独立，起源于晋末。晋宋山水画的创作，自始即具有"澄怀观道"的意趣。画家宗炳好山水，凡所游历，皆图之于壁，坐卧向之，曰："老病俱至，名山恐难遍游，惟当澄怀观道，卧以游之。"他又说："圣人含道应物，贤者澄怀味象……人以神法道而贤者通，山水以形媚道而仁者乐。"他这所谓"道"，就是这宇宙里最幽深、最玄远却又弥沦万物的生命本体。东晋大画家顾恺之也说绘画的手段和目的是"迁想妙得"。这"妙得"的对象也即是那深远的生命，那"道"。

　　中国绘画艺术的重心——山水画，开端就富于这玄学意味（晋人的书法也是这玄学精神的艺术），它影响着一千五百年，使中国绘画在世界上成一独立的体系。

　　他们的艺术的理想和美的条件是一味绝俗。庾道季见戴安道所画行像，谓之曰："神明太俗，由卿世情未尽！"以戴安道之高，还说是世情未尽，无怪他气得回答说："唯务光当免卿此语耳！"

　　然而也足见当时美的标准树立得很严格，这标准也就一直是后来中国文艺批评的标准："雅""绝俗"。

　　这唯美的人生态度还表现于两点，一是把玩"现在"，在刹那的现量的生活里求极量的丰富和充实，不为着将来或过去而放弃现在价值的体味和创造：

　　　　王子猷尝暂寄人空宅住，便令种竹。或问："暂住何烦尔？"王啸咏良久，直指竹曰："何可一日无此君！"

　　二则美的价值是寄于过程的本身，不在于外在的目的，所谓"无所为而为"的态度。

　　王子猷居山阴，夜大雪，眠觉，开室命酌酒，四望皎然，因起彷徨，咏左思《招隐》诗。忽忆戴安道。时戴在剡，即便夜乘小船就之。经宿方至，造门不前而返。人问其故，王曰："吾本乘兴而行，兴尽而返，何必见戴？"

　　这截然地寄兴趣于生活过程的本身价值而不拘泥于目的，显示了晋人唯美生活的典型。

晋人的道德观与礼法观

　　孔子是中国二千年礼法社会和道德体系的建设者。创造一个道德体系的人，也就是真正能了解这道德的意义的人。孔子知道道德的精神在于诚，在于真性情，真血性，所谓赤子之心。扩而充之，就是所谓"仁"。一切的礼法，只是它托寄的外表。舍本执末，丧失了道德和礼法的真精神、真意义，甚至假借名义以便其私，那就是"乡愿"，那就是"小人之儒"。这是孔子所深恶痛绝的。孔子曰："乡愿，德之贼也。"又曰："女为君子儒，无为小人儒！"他更时常警告人们不要忘掉礼法的真精神、真意义。他说："人而不仁如礼何？人而不仁如乐何？"子于是日哭，则不歌。食于丧者之侧，未尝饱也。这伟大的真挚的同情心是他的道德的基础。他痛恶虚伪。他骂"巧言令色鲜矣仁！"他骂"礼云、礼云，玉帛云乎哉！"然而孔子死后，汉代以来，孔子所深恶痛绝的

"乡愿"支配着中国社会，成为"社会栋梁"，把孔子至大至刚、极高明的中庸之道化成弥漫社会的庸俗主义、妥协主义、折衷主义、苟安主义，孔子好像预感到这一点，他所以极力赞美狂狷而排斥乡愿。他自己也能超然于礼法之表追寻活泼的、真实的、丰富的人生。他的生活不但"依于仁"，还要"游于艺"。他对于音乐有最深的了解并有过最美妙、最简洁而真切的形容。他说：

> 乐，其可知也！始作，翕如也。从之，纯如也。皦如也。绎如也。以成。

他欣赏自然的美，他说："仁者乐山，智者乐水。"

他有一天问他几个弟子的志趣。子路、冉有、公西华都说过了，轮到曾点，他问道：

> "点，尔何如？"鼓瑟希，铿尔，舍瑟而作，对曰："异乎三子者之撰！"子曰："何伤乎？亦各言其志也。"曰："莫春者，春服既成，冠者五六人，童子六七人，浴乎沂，风乎舞雩，咏而归！"
>
> 夫子喟然叹曰："吾与点也！"

孔子这超然的、蔼然的、爱美爱自然的生活态度，我们在晋人王羲之的《兰亭序》和陶渊明的田园诗里见到遥遥嗣响的人，汉代的俗儒钻进利禄之途，乡愿满天下。魏晋人以狂狷来反抗这乡愿的社会，反抗这桎梏性灵的礼教和士大夫阶层的庸俗，向自己的真性情、真血性里掘发人生的真意义、真道德。他们不惜拿自己的生命、地位、名誉来冒犯统治阶级的奸雄假借礼教以维持权位的恶势力。曹操拿"败伦乱俗，讪谤惑众，大逆不道"的罪名杀孔融。司马昭拿"无益于今，有败于俗，乱群惑众"的罪名杀嵇康。阮籍佯狂了，刘伶纵酒了，他们内心的痛苦可想而知。这是真性情、真血性和这虚伪的礼法社会不肯妥协的悲壮剧。这是一班在文化衰堕时期替人类冒险争取真实人生、真实道德的殉道者。他们殉道时何等的勇敢，从容而美丽：

> 嵇中散（康）临刑东市，神气不变，索琴弹之，奏《广陵散》，曲终，曰："袁孝尼尝请学此散，吾靳固不与，《广陵散》于今绝矣！"

以维护伦理自命的曹操枉杀孔融，屠杀到孔融7岁的小女、9岁的小儿，谁是真的"大逆不道"者？

道德的真精神在于"仁"，在于"恕"，在于人格的优美。《世说》载：

> 阮光禄（裕）在剡，曾有好车，借者无不皆给。有人葬母，意欲借而不敢言。阮后闻之，叹曰："吾有车而使人不敢借，何以车为？"遂焚之。

这是何等严肃的责己精神！然而不是由于畏人言，畏于礼法的责备，而是由于对自己人格美的重视和伟大同情心的流露。

谢奕作剡令，有一老翁犯法，谢以醇酒罚之，乃至过醉，而犹未已。太傅（谢安）时年七八岁，著青布绔，在兄膝边坐，谏曰："阿兄，老翁可念，何可作此！"奕于是改容，曰："阿奴欲放去耶？"遂遣之。

谢安是东晋风流的主脑人物，然而这天真仁爱的赤子之心实是他伟大人格的根基。这使他忠诚谨慎地支持东晋的危局至于数十年。淝水之役，苻坚发戎卒60余万、骑27万，大举入寇，东晋危在旦夕。谢安指挥若定，遣谢玄等以8万兵一举破之。苻坚风声鹤唳，草木皆兵，仅以身免。这是军事史上空前的战绩，诸葛亮在蜀没有过这样的胜利！

一代枭雄，不怕遗臭万年的桓温，也不缺乏这英雄的博大的同情心：

桓公入蜀，至三峡中，部伍中有得猿子者，其母缘岸哀号，行百余里不去，遂跳上船，至便即绝。破视其腹中，肠皆寸寸断。公闻之，怒，命黜其人。

晋人既从性情的真率和胸襟的宽仁建立他的新生命，摆脱礼法的空虚和顽固，他们的道德教育遂以人格的感化为主。我们看谢安这段动人的故事：

谢虎子尝上屋熏鼠。胡儿（虎子之子）既无由知父为此事，闻人道痴人有作此者，戏笑之。时道此非复一过。太傅既了己（指胡儿自己）之不知，因其言次，语胡儿曰："世人以此谤中郎（虎子），亦言我共作此。"胡儿懊热，一月日闭斋不出。太傅虚托引己之过，以相开悟，可谓德教。

我们现代有这样精神伟大的教育家吗？所以：

谢公夫人教儿，问太傅："那得初不见公教儿？"答曰："我常自教儿！"

这正是像谢公称赞褚季野的话："褚季野虽不言，而四时之气亦备！"

他确实在教，并不姑息，但他着重在体贴入微的潜移默化，不欲伤害小儿的羞耻心和自尊心：

谢玄少时好著紫罗香囊垂覆手。太傅患之，而不欲伤其意，乃谲与睹，得即烧之。

这态度多么慈祥，而用意又何其严格！谢玄为东晋立大功，救国家于垂危，足见这教育精神和方法的成绩。

当时文俗之士所最仇疾的阮籍，行动最为任诞，蔑视礼法也最为彻底，然而正在他身上我们看出这新道德运动的意义和目标。这目标就是要把道德的灵魂重新建筑在热情和率真之上，摆脱陈腐礼法的外形。因为这礼法已经丧失了它的真精神，变成阻碍生机的桎梏，被奸雄利用作政权工具，借以锄杀异己。（曹操杀孔融。）

阮籍当葬母，蒸一肥豚，饮酒二斗，然后临诀。直言"穷矣！"举声一号，吐血数升，废顿良久。

他拿鲜血来灌溉道德的新生命！他是一个壮伟的丈夫。容貌瑰杰，志气宏放，傲然独得，任性不羁，当其得意，忽忘形骸，"时人多谓之痴"。这样的人，无怪他的诗"旨趣遥深，反覆零乱，兴寄无端，和愉哀怨，杂集于中"。他的咏怀诗是《古诗十九首》以后第一流的杰作。他的人格坦荡谆至，虽见嫉于士大夫，却能见谅于酒保：

阮公邻家妇有美色，当垆沽酒。阮与王安丰常从妇饮酒。阮醉，便眠其妇侧。夫始殊疑之，伺察，终无他意。

这样解放的自由的人格是洋溢着生命，神情超迈，举止历落，态度恢廓，胸襟潇洒：

王司州（修龄）在谢公坐，咏"入不言兮出不辞，乘回风兮载云旗！"（九歌句）语人云："当尔时，觉一坐无人！"

桓温读《高士传》，至于陵仲子，便掷去曰："谁能作此溪刻自处。"这不是善恶之彼岸的超然的美和超然的道德吗？
"振衣千仞冈，濯足万里流！"晋人用这两句诗写下他的千古风流和不朽的豪情！

昙花一现

世间有一些人，他的灵魂太优美，太可爱，而太柔脆，仿佛一缕轻云，只能远远地照瞩人间，徘徊天上；一堕人世，就立刻感到他的不相宜，不在行，结果是遭受种种摧残挫折，人类的或自然的，而以他的痛苦，他们的不幸替人间留下了一朵美丽的昙花一现。

雪莱的死于海，济慈的死于贫病及批评家的残酷，徐志摩死于飞机，方玮德死于痼疾的苦痛，都使我们有这种昙花一现的惨痛的感觉。

方玮德真是一个可爱的大孩子！这样地具有孩子气，孩子心，一片天真，以孩子的口吻随嘴诌出美丽的谎，唱出美丽的诗歌，在我生平还只见着他一个。而他竟以极深苦痛的病匆匆的死了，令人真是痛心！

九姑方令孺去北平看他的病，回来说："他的病是没有希望了。每天上午比较清醒，下午就沉沉昏睡，身体上的痛苦是不用说的。然而他清醒的时候，总是有说有笑，同医生打趣，诙谐百出，明明晓得死在眼前，却忘却了它的存在；并不是不怕死，却是只要有一刻生机，即有十分生趣，脸上颜色鲜艳，神采如虹，表现从未见过的美丽，令人忘掉了那头脸下面的瘦体如柴及不可名言的痛楚。"啊，这真是象征了一个美丽天真的心灵对这残酷世界的超越与胜利！

　　玮德去夏带病到北平去，是准备同他的见面仅仅数次而情书已通数百通的爱人黎女士（宪初）——他们的情书，玮德曾让我窥读一部分，我看在现代文学里尚未见过这样情文并美的情书——正式订婚，不料他到北平不久就病倒了，黎女士尽心服侍，数月不懈，鞠躬憔悴，人所不堪，真正表示了伟大的牺牲的精神的爱，她是玮德短短的生命中唯一的幸福与最后的安慰。她给予玮德这灰色苦痛的人生披上了一幅温柔的金色轻绡，使玮德能对生命谅解。

　　然而，这话错了。玮德始终是热爱生命的，始终是随时忘掉痛苦以博得生命的欢笑与光彩的，他所到之处，满室春风，所以没有人见着他而不欢喜他，人人爱他的笑靥，爱他的一团孩气，爱他的天生的潇洒。听见他的死耗的朋友，没有一个不感到突然的心痛如割，仿佛割去我们一种珍宝，只觉得是不可信，不可思议，不懂造化何以这样无情，就不让他在二十几年不断的疾病痛楚中稍稍享受一点人生，享受一点恋爱，让他多写几首不害人不误国的白话诗！

　　提起他的白话诗，真是新文学里的粒粒珍珠。情致的热烈而潇洒，文字的流利飘逸，节奏韵律完全来自他一片天真的心，反对白话诗的人，如果真肯虚心读它，恐怕也可以改变他们的顽固成见（可惜还没有有识的书店，肯将他自编的诗集出版，然而他的诗之可以长存是无疑的）。

昙花一现的方玮德，你的灵魂同你的诗，将以昙花一样的美丽，永远映现在爱美的人们的心里。

歌德的《少年维特之烦恼》

　　我们的世界是已经老了！在这世界中任重道远的人类已经是风霜满面，尘垢满身。他们疲乏的眼睛所看见的一切，只是罪恶，机诈，苦痛，空虚。但有时会有一位真性情的诗人出世，禀着他纯洁无垢的心灵，张着他天真莹亮的眼光，在这污浊的人生里重新掘出精神的宝藏，发现这世界崭然如新，光明纯洁，有如世界创造的第一日。这时不只我们的肉眼随着他重新认识了这个美洁庄严的世界，尤其我们的心情也会从根基深处感动得热泪迸流，就像浮士德持杯自鸩时猛听见教堂的钟声，重复感触到他童年的世界，因为他又来复了童年的天真！

　　少年歌德是这样的一个诗人，少年维特是这样的一个心灵。他是歌德人格中心一个方向的表现与结晶。所以《少年维特之烦恼》同《浮士德》一样，是歌德式的人生与人格内在的悲剧，它不是一部普通的恋爱小说，它的价值，就基础于此。

　　我们知道歌德式的人生内容是生活力的无尽丰富，生活欲的无限扩张，彷徨追求，不能有一个瞬间的满足与停留，因此苦闷烦恼，矛盾冲突，而一个圆满的具体的美丽的瞬间，是他最大的渴望，最热烈的要求。

但是这个美满的瞬间设若果真获得了，占有了，则又被他不停息的前进追求所遗弃，所毁灭，造成良心上的负疚，生活上的罪过。浮士德之对于玛甘泪就是这样的一出悲剧。这也就是歌德写《浮士德》的一大忏悔。但是设若这个美满的瞬间，浮在眼前，捕捉不住，种种原因，不能占有，而歌德式热狂的希求，不能自已，则终竟唯有如膏自焚，自趋毁灭，人格心灵的枯死，倒不在乎自杀不自杀的了。

《少年维特之烦恼》就是歌德在文艺里面发挥完成他自己人格中这一悲剧的可能性，以使自己逃避这悲剧的实现。歌德自己之不自杀，就因他在生活的奔放倾注中有悬崖勒马的自制，转变方向的逃亡。他能化泛滥的情感为事业的创造，以实践的行为代替幻想的追逐。

歌德生活的扩张，本有积极的与消极的两方面。积极的方面表现于反抗一切传统缚束以伸张自我的精神。这种精神所遇到的阻碍与悲剧表现于他的《瞿支》《卜罗米陀斯》《格丽曼》等作品中，尤其在《浮士德》的第一幕因无限知识欲的不能满足而欲自杀，这是一个倔强者积极者的悲剧。而在少年维特则是歌德无尽的生活力完全溶化为情感的奔流，这热情的泛溢使他不能控制世界，控制自己，而毁灭了自己。

少年维特有世界上最纯洁、最天真、最可爱的人格，而却是一个从根基上动摇了的心灵。他像一片秋天的树叶，无风时也在战栗。这颗颤摇着的心，具有过分繁复的心弦，对于自然界、人生界一切天真的音响，都起共鸣。他以无限温柔的爱笼罩着自然与人类的全部，一切尘垢不落于他的胸襟。他以真情与人共忧共喜，尤爱天真活泼的小孩与困苦中的人们。但他这个在生活中的梦想者，满怀清洁的情操，禀着超越的理想，他设若与这实际人事界相接触，他将以过分明敏的眼光，最深感觉的反应，惊讶这世界的虚伪与鄙俗。我们读少年维特的头几章，就会预感着这样的一个心灵是不能长存于这个坚硬冷酷的世界的。他一走进实际人生，必定要随处触礁而沉没的。少年维特的悲剧是个人格的悲剧，他纯洁热烈的人格情绪将如火自焚，何况还要遇着了绿蒂？

　　绿蒂是个与维特正相反的个性，她的幽娴贞静，动作的和谐，能在平凡狭小的生活中表现优美与和平；窈窕的姿态，使一切世俗琐碎皆化成和美的音乐。她的自足，她的圆满，虽然规模狭小，却与那在无尽追求中心灵不安定的维特成了个反衬。所以她成了维特漂泊人生中的仙岛，情海狂涛里的彼岸。他自己所最缺乏而希求不到的圆满宁静与和谐，于此具体实现。她是他解脱的导星，吸引向上的永久女性。而他的这个生活上唯一的希望，唯一的寄托，却可望而不可即，浮在眼前，却不能占有。心灵愈益彷徨憔悴，枯竭，则不死何待？

　　何况即使是美满的瞬间能以实现，而维特式、歌德式向前无尽的追求终将不能满足，又将舍而之他，造成良心上的负疚，生活上的罪恶与苦痛，则浮士德的中心问题又来了！

　　所以《少年维特之烦恼》与《浮士德》同是歌德人格中心及其问题的表现。它不是一部普通的恋爱小说，它启示着人生深一层的境界与意义。我们现在再来看一看这本书的艺术方面。这本书是歌德从生活上的苦痛经历中一口气写出的。内容

与体裁、形式与生命成一个整体。所以我们要知道他内容的故事与故事中的意义，然后才能完全了解他艺术的外形。所以我们先叙述一下这本小说内容的大概，然后再观察他的体裁形式与描写的技术。

书中的主人是一个绝顶聪明、纯洁多情的少年，性质类似少年歌德，不过还更多感更温柔更软弱些。他的软弱并不是道德的自制的情操比他人不足，乃是热烈深挚的情绪与感受性过分的浓郁。他的愉快与痛苦都较常人深一层。他的热情已临近疯狂。他像一个白日做梦者走过这世界，光明与惨暗都是他自己心情的反射。他爱天然，爱自由，爱真性情，爱美丽的幻想。他最恨的是虚伪的礼教，古板的形式，庸俗的成见。社会上的人物劳碌于琐碎无意义的事业，他都看不起。宇宙太伟大了，自然太美丽了，人为的一切，徒然缚束心灵，磨灭天性，算得什么？但他自己虽无兴趣于世俗琐事，却不是懒惰。他内心生活的飞跃，思想与情绪汹涌于胸际，息息不停。他的闲暇，全都用于观察一切，思索一切，尤在分析自己。——以至毁灭了自己！

在春光明媚的5月，这个光明美丽的心灵来到一个新鲜的客地。他完全浸沉于大自然的生命中，就像一只蝴蝶在香海里遨游。荷马的古典诗歌使他心地宁静庄严。小孩儿与平民的接触使他和悦天真。他的心情像一个春天的早晨，清朗而新鲜，精神愉快而纯洁，使我们读者也觉心花开放，感到一种青春光明的人生意义。在这少年心灵的太空中不是完全没有暗淡的愁云轻轻掠过，但他自信随时可以自由脱离尘世，不足为虑。然而我们已经感着他人格根性上的悲观，而一种不祥的预兆已触动我们的心。我们觉着这个可爱少年心灵的组织太纤细温柔了，是不宜于这世间的。

　　于是从5月到6月，他在一个跳舞会里认识了绿蒂，而他全部的灵魂一下子就堕入情网。他飘浮在恋爱的愉快中，也不管绿蒂是已经与人订了婚的。绿蒂的家庭与小孩儿们都欢迎他，他就无日不去陪伴她。他崇拜绿蒂如天人，一切与她接触过的，带着她的氛围气的，对于他都是神圣。这是他最光明最愉快的日子。自然界也以晴光暖翠掩映于他们的情爱中。但是到了7月终，绿蒂的未婚夫来了，维特从甜梦中惊醒，他想走开让他，但阿培尔是个好人，并不猜妒，对维特态度甚佳。于是维特自哄自地不听他朋友威廉的函劝，徘徊流连而不言去。

　　但是他以前纯真的天趣已渐失了，心胸里开始矛盾了，情感与理智开始冲突了。他还常往自然里走动，而这慈母的自然对于他已不复是宁静与安慰。以前大自然是个无尽生命新鲜活跃的场所，现在却变成了一座无边惨淡的无底坟墓。他认识了自己矛盾的现状，却没有力量超脱，只有望着黑暗的未来流泪。他已经想到自杀。在8月30日写给威廉的信中说："我看这苦痛的终局只有坟墓。"他的朋友威廉劝他走开，他终于振作起来，于9月11日离开他这快乐与烦恼的地方。这是第一篇的终结。第二篇开始——10月20日——维特在使馆里任职了。他过得很好。远离着绿蒂，有秩序的工作使他心灵和静，但又来了别的刺激使他不快。公使是个拘谨执着的人，他不满意维特文字的自由风格，他要维特修改他的句法。他表示得很不客气，这种贵族社会里的浅薄，傲慢的等级观念，使他难堪。于是一年过了，在第二年的2月间他得知阿培尔与绿蒂的结婚，他写了一封很有礼、很同情的信贺他们，他只希望在绿蒂的心中占第二座位置。我们对于他觉得很有希望。但到了3月的中间一种意外的事情使他非常难受，极端损害他的自尊心。有一位伯爵请他去吃午饭，饭后他谈话流连不知去，不觉到了晚间。他陪着一位他很乐意陪的小姐在客厅里。而晚间伯爵是宴请一班贵族社会的客人，伯爵见维特忘形不去，只好催他走开。这种事情立刻传播于宴会间，而那位小姐的姑母很责备她不应下交维特。维特受了这个刺激，就向使馆辞职。他本来是不宜于这个社会这种职业的，何况又受了这个侮辱，他失恋的心情又加上自尊心的损害真是不堪的了。

于5月间应了一位公爵的召请投奔于他，而公爵待他虽很好，却是一位庸俗无味的人。他感到异常无聊。他想去从军而公爵劝阻了他。他留住下过了6月，终于顺从心的不可抵抗的要求，奔赴着旧的命运，他回往绿蒂处！

绿蒂与阿培尔很欢迎他，但是他发现这个世界已大变了，因为他现在的心情不复是从前的心情了，自然界对于他不复是活跃和谐的生命，而变成类似剧台上机械的布景。他自己丰富美丽的心泉已经枯竭。荷马诗里光明的世界已不感兴趣，而爱浸沉于变相的哀调中寂寞惨淡、暗雾朦胧的北欧诗境。绿蒂与阿培尔幸福吗？阿培尔愈过愈成一个干燥、拘束，在繁多职务里烦闷的人。绿蒂做了一个忠实干练的家庭主妇。她也觉得维特心灵的灰暗，不能复得愉快的共鸣。她谨守着她的内心情感，不使流露于外。维特以极注意、极灵敏的感觉捕捉绿蒂无意中表现的同情，就像一个沉没海水中的人挣命捉住一点木板，绿蒂的同情与了解是他世界中唯一的安慰，唯一的依赖。

他更不能离开这个地方了。他的前途十分渺茫，他在社会上的地位与自尊心已经破灭。生活的力量已经颓衰，恋爱已经绝望。心灵的枯死，仅待肉体的自杀了。自杀的念头日强一日，对自杀感到有神圣的光辉。自杀是解脱肉体返归于万有的慈父唯一的出路。于是经过11月及12月的大半，外界景象愈枯寂、暗淡，心里更抱死念。他意已决了！但头一天尚欲见绿蒂一面。她碰着他一个人在屋内，使她非常不安。为着排遣此紧张的可怕的时间，她请他译读莪相的《哀歌》。可尔玛尼与阿尔品悼亡的哀调使他们泪如泉涌。稍停一会，再继续念道：

> 我的哀时已近，
> 狂风将到，
> 吹打我的枝叶飘零！
> 明朝有位行人，
> 他是见过我韶年时分，
> 他会来，会来，
> 他的眼儿在这原野中四处把我找寻，
> 可是我已无踪影……

这诗句的凄哀正映着他自己的命运，他完全失了自制力，他失望到了极点，他跪倒在绿蒂的面前，紧握她的两手，压着自己的眼睛与头额。绿蒂伤心而怜惜着他，俯身就他，而他就发狂拥着她接吻，庄重的绿蒂推开了他，他于次晚自杀。

我们以紧张的同情读完这本朴质凄美的长诗，一个高尚热情的青年，在我们眼前顺着他内心的命运毁灭了自己。我们

20世纪唯物冷静的头脑读了也要感动，何况多情伤感的狂飙时代！

但是这书内容的人生表现固然有甚深的意义，不是一部平常恋爱小说，然若非诗人用他精妙而极自然的艺术描写，也不能成功这本空前的杰作。我们现在再从艺术方面观察这书：

我们先研究这书的体裁形式。——全书是写一个青年内心生活的发展，自然界的种种都是这内心的反映，所以这本书写的是一幅一幅心灵的图画，情绪的音乐。内心生活固然紧张，但若欲写一个剧本，则嫌书中主角不是一个对世界或命运的强力挣扎或抵抗者，戏剧式的冲突与纠纷尚嫌不足。这书的内容最富有抒情的诗意，但若欲写成一篇诗，则这故事中又确有一个中心的冲突与纠纷（恋爱与道义，个性与社会，人格与世界的冲突）。这书的主体仍是一个Crisis，况歌德的抒情诗，纯然是心情状态之外化为音调词句，是表现恋爱已得的愉快，或已失的痛苦，不是描述这从得而至失的经过。故少年维特之心灵生活的发展与毁灭，极应得一小说式的叙述。然又将嫌事情的外表太简，所写多为内心情感的状态，应有一种介乎叙述与抒情两者中间的文体。于是歌德发现了书信的体裁。在歌德以前法国文豪卢梭已用信札体写他的小说《新哀绿蒂思》，在文坛上大放光彩。它是人们的情感与直觉生活从18世纪理知主义解放了后自由表现自己的新工具，新形式。这个新工具到了歌德天才的手里才尽量发挥它的效用。

这信札体的优点何在？它不似其他任何一种文体的严格形式。它既能委婉地叙事如一段小说，也能随意地抒情如一篇诗，又能自由发挥思想如哲理的小品文，但又不似诗或小说所叙述的对象限于一个时间性。在一封信中可以追忆往景，描绘目前，感想未来。小说或诗须注意一事一境之连贯继续的发展。而信札则极自由，可以述自己，也可同时谈他人，可以写风景，谈哲理，泻情绪。写信时有个受信的"你"在对方，于是要把自己的情绪状态客观化，以客观的态度把自己在对方瞩照的眼里呈现，而同时又流露着与对方之人的关系。歌德运用这自由美妙的工具在一本小小书里绘景写情，发表思想，一个多情深思的青年由此充分表出。这写信的主体人格贯穿着这丰富的多方面成一音乐的和谐。而我们同时可站在受信者地位窥见维特心灵的内部秘密有如细腻的图画。

这个写信的维特即是在恋爱生命中苦痛的歌德，而这受信的"你"即是超脱了自己而观照着自己的诗人歌德。这诗情的小说使歌德从生活的苦痛中解放，化身为脱然事外勉慰自己的"威廉"（即受信者）。

这信札的文体用最简单朴素的写法，给予吾人繁复的景、情、思想的合奏。在这本小小书中一会儿引着我们踏进伟大广阔的自然，同时又领导我们流连于酒店炉边，徘徊于古典风味的井泉林下，或游于牧师的静美的园中，或在绿蒂众妹弟小孩们的房内，一会儿又使我们欣赏伯爵富丽的厅堂，但也让我们领略简陋不堪的村店旅舍。

我们读这本小书时，历过四季时令的自然风色。春天的繁花灿烂，夏季浓绿阴深，秋风里的落叶萧瑟，冬景的阴惨暗淡。此外浓烈的日光，幽美的月景，黑夜，雾，雷，雨，雪，一切自然景象，而此自然各景皆与维特心情的姿态相反映、相呼应，成为情景合一的诗境。

景物之外有人格个性的描写。少年维特是最引人同情的一个高贵、纯洁、优美，却又不是假想的人格，是有血有肉，好像我们自己认识亲爱的一个朋友，每一个聪明优秀的青年都会有一个维特时期。尤其在近代文明一切男性化、物质化、理知化、庸俗化、浅薄化的潮流中，维特是一些尚未同化、尚未投降于这冷酷社会的青年爱慕怀恋的幻影，而他的悲惨的命运更使人不能忘怀，有无限的悼念。

与这过分伤感、临于病态的多情少年相对照的即是那健康的、端庄的、愉快的、现实的，能在狭小范围中满足而美化她周围一切的绿蒂。在这两位主角之外还有忠实正直而微嫌干燥的阿培尔，一个爱美的公爵，倨傲狭隘的贵族社会，拘谨的官员，心善而量窄的牧师们，好的妇人，窈窕的小姐们，尤其可爱的一群活泼小孩们的画像。这些人在书中并没有许多故事、情节，但却描绘得生命丰满。像荷兰大画家写些极平常的人物，却能引人入胜，令人欣赏。

从情感的抒写方面说，则全书是写一青年从平静和悦，浸沉于大自然的愉快里走进恋爱生活的陶醉，然后又从恋爱纠纷的苦痛里，感到心灵的彷徨，动摇，再加在社会上自尊心的受刺激，遂至沉沦于人生的怀疑，精神的破产，而以肉体的自杀告终，是一首哀艳凄美的诗，一曲情调动人的音乐。

在这情与景的灿烂的描绘以外，在全书内尚遍布着许多真诚的、解放的、高超的思想。这是由心灵真挚的体会里迸出的微妙深刻的思想。对于人生、自然、艺术，他都有不同流俗的见解。这实为当时狂飙运动里潜伏在人人的心灵中，尤在青年热情的心理中的思想趋势，而歌德竟能如此美妙地写出。而且在这书内用了朴直、纯洁、高贵的文笔，如口说一般的写出。

这些思想里许多对于人生、世界、善恶、规律与自然、欲望与义务等等永久的问题，引着我们从无限的"永久的"立场观照这小说中的人生与世界，而能对一切有深一层的体会与谅解。

最后，最动人的，每一页每一句呼吸着何等的生命与热烈！何等的自然与真挚。文笔风格甚高，却自然如口语。我们觉得在与人对语，很亲热，很聪明，有时作长谈，委婉曲折，而极其自在。而这书的笔调完全适合情调，有时崇高的口气谈着宇宙人生问题，有时单纯朴质写着静美的境界。有长函，有短简，有时幽冷如隽语，雅致如小诗，有时紧张如剧本，雄浑如颂歌。这本信札小说灼烁于各式风格中，而自成一综合的乐曲。

我们于百余年后读这本书有这样的感动；当时在暴风雨欲来的时代，一切苦痛、压迫、不自然，不自由的情调散布着悲观笼罩全世，歌德感触最深，表白得最沉痛，为一代的喉舌，则当时影响之大可想而知了！

看了罗丹雕刻以后

"……艺术是精神和物质的奋斗……艺术是精神的生命贯注到物质界中，使无生命的表现生命，无精神的表现精神。……艺术是自然的重现，是提高的自然。……"抱了这几种对于艺术的直觉见解走到欧洲，经过巴黎，徘徊于罗浮艺术之宫，摩挲于罗丹雕刻之院，然后我的思想大变了。否，不是变了，是深沉了。

我们知道我们一生生命的迷途中，往往会忽然遇着一刹那的电光，破开云雾，照瞩前途黑暗的道路。一照之后，我们才确定了方向，直往前趋，不复迟疑。纵使本来已经是走着了这条道路，但是今后才确有把握，更增了一番信仰。

我这次看见了罗丹的雕刻，就是看到了这一种光明。我自己自幼的人生观和自然观是相信创造的活力是我们生命的根源，也是自然的内在的真实。你看那自然何等调和，何等完满，何等神秘不可思议！你看那自然中何处不是生命，何处不是活动，何处不是优美光明！这大自然的全体不就是一个理性的数学、情绪的音乐、意志的波澜吗？一言蔽之，我感到这宇宙的图画是个大优美精神的表现。但是年事长了，经验多了，同这个实际世界冲突久了，晓得这空间中有一种冷静的、无情的、对抗的物质，为我们自我表现、意志活动的阻碍，是不可动摇的事实。又晓得这人事中有许多悲惨的、冷酷的、愁闷的、龌龊的现状，也是不可动摇的事实。这个世界不是已经美满的世界，乃是向着美满方面战斗进化的世界。你试看那棵绿叶的小树。它从黑暗冷湿的土地里向着日光，向着空气，做无止境的战斗。终竟枝叶扶疏，摇荡于青天白云中，表现着不可言说的美。一切有机生命皆凭借物质扶摇而入于精神的美。大自然中有一种不可思议的活力，推动无生界以入于有机界，从有机界以至于最高的生命、理性、情绪、感觉。这个活力是一切生命的源泉，也是一切"美"的源泉。

　　自然无往而不美。何以故？以其处处表现这种不可思议的活力故。照相片无往而美。何以故？以其只摄取了自然的表面，而不能表现自然底面的精神故。（除非照相者以艺术的手段处理它。）艺术家的图画、雕刻却又无往而不美，何以故？以其能从艺术家自心的精神，以表现自然的精种，使艺术的创作，如自然的创作故。

　　什么叫作美？——"自然"是美的，这是事实。诸君若不相信，只要走出诸君的书室，仰看那檐头金黄色的秋叶在光波中颤动，或是来到池边柳树下俯看那白云青天在水波中荡漾，包管你有一种说不出的快感。这种感觉就叫作"美"。我前几天在此地斯蒂丹博物院里徘徊了一天，看了许多荷兰画家的名画，以为最美的当莫过于大艺术家的图画、雕刻了，哪晓得今天早晨起来走到附近绿堡森林中去看日出，忽然觉得自然的美终不是一切艺术所能完全达到的。你看空中的光、色，那花草的颤动，云水的波澜，有什么艺术家能够完全表现得出？所以自然始终是一切美的源泉，是一切艺术的范本。艺术最后的目的，不外乎将这种瞬息变化、起灭无常的"自然美的印象"，借着图画、雕刻的作用，扣留下来，使它普遍化、永久化。什么叫作普遍化、永久化？这就是说一幅自然美的好景往往在深山丛林中，不是人人能享受的，并且瞬息变动，起灭无常，不是人时时能享受的（"夕阳无限好，只是近黄昏"）。艺术的功用就是将它描摹下来，使人人可以普遍地、时时地享受。艺术的目的就在于此，而美的真泉仍在自然。

　　那么，一定有人要说我是艺术派中的什么"自然主义""印象主义"了。这一层我还有申说。普通所谓自然主义是刻画自然的表面，入于细微。那么能够细密而真切地摄取自然印象莫过于照相片了。然而我们人人知道照片没有图画的美，照片没有艺术的价值。这是什么缘故呢？照片不是自然最真实的摄影吗？若是艺术以纯粹描写自然为标准，总要让照片一筹，而照片又确是没有图画的美。难道艺术的目的不是在表现自然的真相吗？这个问题很可令人注意。我们再分析一下。

　　（一）向来的大艺术家如荷兰的伦勃朗、德国的丢勒、法国的罗丹都是承认自然是艺术的标准模范，艺术的目的是表现最真实的自然。他们的艺术创作依了这个理想都成了第一流的艺术品。

　　（二）照片所摄的自然之影比以上诸公的艺术杰作更加真切、更加细密，但是确没有"美"的价值，更不能与以上诸公的艺术品媲美。

（三）从这两条矛盾的前提得来结论如下：若不是诸大艺术家的艺术观念——以表现自然真相为艺术的最后目的——有根本错误之处，就是照片所摄取的并不是真实自然。而艺术家所表现的自然，方是真实的自然！

果然！诸大艺术家的艺术观念并不错误。照片所摄非自然之真。唯有艺术才能真实表现自然。

诸君听了此话，一定有点儿惊诧，怎么照片还不及图画的真实呢？

罗丹说："果然！照片说谎，而艺术真实。"这话含意深厚，非解释不可。请听我慢慢说来。

我们知道"自然"是无时无处不在"动"中的。物即是动，动即是物，不能分离。这种"动象"，积微成著，瞬息变化，不可捉摸。能捉摸者，已非是动；非是动者，即非自然。照相片于物象转变之中，摄取一角，强动象以为静象，已非物之真相了。况且动者是生命之表示，精神的作用；描写动者，即是表现生命，描写精神。自然万象无不在"活动"中，即是无不在"精神"中，无不在"生命"中。艺术家要想借图画、雕刻等以表现自然之真，当然要能表现动象，才能表现精神、表现生命。这种"动象的表现"，是艺术最后目的，也就是艺术与照片根本不同之处了。

艺术能表现"动"，照片不能表现"动"。"动"是自然的"真相"，所以罗丹说："照片说谎，而艺术真实。"

但是艺术是否能表现"动"呢？艺术怎样能表现"动"呢？关于第一个问题要我们的直接经验来解决。我们拿一张照片和一张名画来比看。我们就觉得照片中风景虽逼真，但是木板板地没有生动之气，不同我们当时所直接看见的自然真境有生命，有活动。我们再看那张名画中景致，虽不能将自然中光气云色完全表现出来，但我们已经感觉它里面山水、人物栩栩如生，仿佛如入真境了。我们再拿一张照片摄的《行步的人》和罗丹雕刻的《行步的人》一比较，就觉得照片中人提起了一只脚，而凝住不动，好像麻木了一样，而罗丹的石刻确是在那里走动，仿佛要姗姗而去了。这种"动象的表现"要诸君亲来罗丹博物院里参观一下，就相信艺术能表现"动"，而照片不能。

那么艺术又怎样会能表现出"动象"呢？这个问题是艺术家的大秘密。我非艺术家，本无从回答，并且各个艺术家的秘密不同。我现在且把罗丹自己的话介绍出来：

罗丹说："你们问我的雕刻怎样会能表现这种'动'象？其实这个秘密很简单。我们要先确定'动'是从一个现状转变到第二个现状。画家与雕刻家之表现'动象'就在能表现出这个现状中间的过程。他要能在雕刻或图画中表示出那第一个现状，于不知不觉中转化入第二现状，使我们观者能在这作品中，同时看见第一现状过去的痕迹和第二现状初生的影子，然后'动象'就俨然在我们的眼前了。"

这是罗丹创造动象的秘密。罗丹认定"动"是宇宙的真相，唯有"动象"可以表示生命，表示精神，表示那自然背后所深藏的不可思议的东西。这是罗丹的世界观，这是罗丹的艺术观。

罗丹自己深入自然的中心，直感着自然的生命呼吸、理想情绪，晓得自然中的万种形象，千变万化，无不是一个深沉浓挚的大精神——宇宙活力——所表现。这个自然的活力凭借着物质，表现出花，表现出光，表现出云树山水，以至于鸢飞鱼跃、美人英雄。所谓自然的内容，就是一种生命精神的物质表现而已。

艺术家要模仿自然，并不是真去刻画那自然的表面形式，乃是直接去体会自然的精神，感觉那自然凭借物质以表现万相的过程，然后以自己的精神、理想情绪、感觉意志，贯注到物质里面制作万形，使物质而精神化。

"自然"本是个大艺术家，艺术也是个"小自然"。艺术创造的过程，是物质的精神化；自然创造的过程，是精神的物质化；首尾不同，而其结局同为一极真、极美、极善的灵魂和肉体的协调，心物一致的艺术品。

罗丹深明此理，他的雕刻是从形象里面发展，表现出精神生命，不讲求外表形式的光滑美满。但他的雕刻中确没有一条曲线、一块平面而不有所表示生意跃动，神致活泼，如同自然之真。罗丹真可谓能使物质而精神化了。

罗丹的雕刻最喜欢表现人类的各种情感动作，因为情感动作是人性最真切的表示。罗丹和古希腊雕刻的区别也就在此。希腊雕刻注重形式的美，讲求表面的美，讲求表面的完满工整，这是理性的表现。罗丹的雕刻注重内容的表示，讲求精神的活泼跃动。所以希腊的雕刻可称为"自然的几何学"，罗丹的雕刻可称为"自然的心理学"。

自然无往而不美。普通人所谓丑的如老妪病骸，在艺术家眼中无不是美，因为也是自然的一种表现。果然！这种奇丑怪状只要一从艺术家手腕下经过,立刻就变成了极可爱的美术品了。艺术家是无往而非"美"的创造者,只要他能真把自然表现了。

所以罗丹的雕刻无所选择,有奇丑的媒母,有愁惨的人生,有笑、有哭,有至高纯洁的理想,有人类劣根性中的兽欲。他眼中所看的无不是美,他雕刻出了,果然是美。

他说:"艺术家只要写出他所看见的就是了,不必多求。"这话含有至理。我们要晓得艺术家眼光中所看见的世界和普通人的不同。他的眼光要深刻些、要精密些。他看见的不只是自然人生的表面,乃是自然人生的核心。他感觉自然和人生的现象是含有意义的,是有表示的。你看一个人的面目,他的表示何其多。他表示了年龄、经验、嗜好、品行、性质,以及当时的情感思想。一言蔽之,一个人的面目中,藏蕴着一个人过去的生命史和一个时代文化的潮流。这种人生界和自然界精神方面的表现,非艺术家深刻的眼光,不能看得十分真切。但艺术家不单是能看出人类和动物界处处有精神的表示。他看了一枝花、一块石、一湾泉水,都是在那里表现一段诗魂。能将这种灵肉一致的自然现象和人生现象描写出来,自然是生意跃动、神采奕奕、仿佛如"自然"之真了。

罗丹眼光精明,他看见这宇宙虽然物品繁复,仪态万千,但综而观之,是一幅意志的图画。他看见这人生虽然波澜起伏、曲折多端,但合而观之,是一曲情绪的音乐。情绪意志是自然之真,表现而为动。所以动者是精神的美,静者是物质的美。世上没有完全静的物质,所以罗丹写动而不写静。

罗丹的雕刻不单是表现人类普遍精神(如喜、怒、哀、乐、爱、恶、欲），他同时注意时代精神。他晓得一个伟大的时代必须有伟大的艺术品，将时代精神表现出来遗传后世。他于是搜寻现代的时代精神究竟在哪里。他在这19、20世纪潮流复杂、思想矛盾的时代中，搜寻出几种基本精神：（一）劳动。19、20世纪是劳动神圣时代。劳动是一切问题的中心，于是罗丹创造《劳动塔》（未成）。（二）精神劳动。19、20世纪科学工业发达，是精神劳动极昌盛时代，不可不特别表示，于是罗丹创造《思想的人》和《巴尔扎克夜起著文之像》。（三）恋爱。精神的与肉体的恋爱，是现时代人类主要的冲动，于是罗丹在许多雕刻中表现之（接吻）。

　　我对于罗丹观察要完了。罗丹一生工作不息，创作繁富。他是个真理的搜寻者，他是个美乡的醉梦者，他是个精神和肉体的劳动者。他生于1840年，死于近年。生时受人攻击非难，如一切伟大的天才那样。

第六篇 *Chapter Six*

中国文化的美丽精神

艺术与中国社会

> 依于仁，游于艺。
>
> ——孔子

孔子说："兴于诗，立于礼，成于乐。"这三句话挺简括地说出孔子的文化理想、社会政策和教育程序。王弼解释得好："言为政之次序也：夫喜惧哀乐，民之自然，感应而动，则发乎诗歌。所以陈诗采谣，以知民志风。既见其风，则损益基焉。故因俗立志，以达其礼也。矫俗检刑，民心未化，故感以乐声，以和其神也。"中国古代的社会文化与教育是拿诗书礼乐做根基。《礼记·王制》："乐正崇四术，立四教……春秋教以礼乐，冬夏教以诗书。"教育的主要工具、门径和方法是艺术文学。艺术的作用是能以感情动人，潜移默化培养社会民众的性格、品德于不知不觉之中，深刻而普遍。尤以诗和乐能直接打动人心，陶冶人的性灵、人格。而"礼"却在群体生活的和谐与节律中，养成文质彬彬的动作，步调的整齐，意志的集中。中国人在天地的动静，四时的节律，昼夜的来复，生长老死的绵延，感到宇宙是生生而具条理的。这"生生而条理"就是天地运行的大道，就是一切现象的体和用。孔子在川上曰："逝者如斯夫，不舍昼夜！"最能表出中国人这种"观吾生，观其生"（易观卜辞）的风度和境界。这种最高度的把握生命，和最深度的体验生命的精神境界，具体地贯注到社会实际生活里，使生活端庄流丽，成就了诗书礼乐的文化。但这境界，这"形而上的道"，也同时要能贯彻到形而下的器。器是人类生活的日用工具。人类能仰观俯察，构成宇宙观，会通形象物理，才能创作器皿，以为人生之用。器是离不开人生的，而人也成了离不开器皿工具的生物。而人类社会生活的高峰，礼和乐的生活，乃寄托和表现于礼器乐器。

礼和乐是中国社会的两大柱石。"礼"构成社会生活里的秩序条理。礼好像画上的线文勾出事物的形象轮廓，使万象昭然有序。孔子曰："绘事后素。""乐"涵润着群体内心的和谐与团结力。然而礼乐的最后根据，在于形而上的天地境界。《礼记》上说：

礼者，天地之序也；乐者，天地之和也。

人生里面的礼乐负荷着形而上的光辉，使现实的人生启示着深一层的意义和美。礼乐使生活上最实用的、最物质的衣食住行及日用品，升华进端庄流丽的艺术领域。三代的各种玉器，是从石器时代的石斧、石磬等，升华到圭璧等的礼器、乐器。三代的铜器，也是从铜器时代的烹调器及饮器等，升华到国家的至宝。而它们艺术上的形体之美、式样之美、花纹之美、色泽之美、铭文之美，集合了画家、书家、雕塑家的设计与模型，由冶铸家的技巧，而终于在圆满的器形上，表出民族的宇宙意识（天地境界）、生命情调，以至政治的权威、社会的亲和力。在中国文化里，从最低层的物质器皿，穿过礼乐生活，直达天地境界，是一片浑然无间、灵肉不二的大和谐、大节奏。

因为中国人由农业进于文化，对于大自然是"不隔"的，是父子亲和的关系，没有奴役自然的态度。中国人对他的用具（石器、铜器），不只是用来控制自然，以图生存，他更希望能在每件用品里面，表出对自然的敬爱，把大自然里启示着的和谐、秩序，它内部的音乐、诗，表现在具体而微的器皿中。一个鼎要能表象天地人。《诗绎》里说：

诗者，天地之心。

《乐记》里说：

大乐与天地同和。

《孟子》曰：

君子……上下与天地同流。

中国人的个人人格、社会组织以及日用器皿，都希望能在美的形式中，作为形而上的宇宙秩序，与宇宙生命的表征。这是中国人的文化意识，也是中国艺术境界的最后根据。

孔子是替中国社会奠定了"礼"的生活的。礼器里的三代彝鼎，是中国古典文学与艺术的观摩对象。铜器的端庄流丽，是中国建筑风格、汉赋唐律、四六文体，以至于八股文的理想型范。它们都倾向于对称，比例，整齐，谐和之美。然而，玉质的坚贞而温润，它们的色泽的空灵幻美，却领导着中国的玄思，趋向精神人格之美的表现。它的影响，显示于中国伟大的文人画里。文人画的最高境界，是玉的境界。倪云林画可为代表。不但古之君子比德于玉，中国的画、瓷器、书法、诗、七弦琴，都以精光内敛、温润如玉的美为意象。

然而，孔子更进一步求"礼之本"。礼之本在仁，在于音乐的精神。理想的人格，应该是一个"音乐的灵魂"。刘向《说苑》里有这么一段记载：

孔子至齐郭门外，遇婴儿，其视精，其心正，其行端。孔子曰："趣驱之，趣驱之，《韶》乐将作！"

他在一个婴儿的灵魂里，听到他素所倾慕的《韶》乐将作（子在齐闻《韶》，三月不知肉味）。《说苑》上这段记载，虽未必可靠，却是极有意义，可以想见孔子酷爱音乐的事迹已经谣传成为神话了。

社会生活的真精神在于亲爱精诚的团结，最能发扬和激励团结精神的是音乐！音乐使我们步调整齐，意志集中，团结的行动有力而美。中国人感到宇宙全体是大生命的流行，其本身就是节奏与和谐。人类社会生活里的礼和乐，是反射着天地的节奏与和谐。一切艺术境界都根基于此。

但西洋文艺自古希腊以来所富有的"悲剧精神"，在中国艺术里，却得不到充分的发挥，且往往被拒绝和闪躲。人性由剧烈的内心矛盾才能掘发出的深度，往往被浓挚的和谐愿望所淹没。固然，中国人心灵里并不缺乏他雍穆和平大海似的幽深，然而，由心灵的冒险，不怕悲剧，以窥探宇宙人生的危岩雪岭，发而为莎士比亚的悲剧、贝多芬的乐曲，这却是西洋人生波澜壮阔的造诣！

关于山水诗画的点滴感想

    民歌开端的句子多半是采取自然景物。民歌里的"月子弯弯照九州"早已被古人注意到了。这就是所谓起兴。见景生情，因物起兴，这本是写诗时很自然的过程。《诗经》三百篇里有些被古人称作"兴"体的，多半是开端两句或一句描写自然景物：山水、鸟兽、草木等，以便引起下面的思想情感。主观里被引起的这种思想情感和客观的形象结合着，使形象成了思想情感的象征，歌唱出来，便成了诗。民歌里的"船夫号子"的领唱者在摇桨前进中四面瞻望，看见天际乌云卷起，风来浪涌，便用歌词唱了出来，指挥众人注意加劲划桨，勇猛向前，抵抗风暴。众人边唱边划，紧张地度过风险，天晴浪静后歌声徐缓，悠然远逝。如《澧水船夫号子》就是一首很好的壮丽紧张的歌曲，不亚于《伏尔加船夫曲》。《诗经》三百篇里本来大部分是民歌，保存了不少这种从劳动中来的"兴"体的诗。这"兴"体诗是以形容自然景物开端的。山水风物的描写在这里建立了它的根基。《诗经》里这类的景物描写是优秀而有力的。刘勰在他著名的《文心雕龙》里说："原夫登高之皆，盖动物兴情，情以物兴，故义必明雅；物以情观，故辞必巧丽。"（《诠赋》）又说："山沓水匝，树杂云合。目既往还，心亦吐纳。春日迟迟，秋风飒飒。情往似赠，兴来如答。"（《物色》）明末爱国思想家王船山在他的《夕堂永日绪论内编》里说："不能作景语，又何能作情语耶？古人绝唱句多景语，如'高台多悲风''蝴蝶飞南园''池塘生春草''亭皋木叶下''芙蓉露下落'，皆是也。而情寓其中矣。以写景之心理言情，则身心中独喻之微，轻安拈出。"好一个"身心中独喻之微，轻安拈出"。明末遗民石涛在国破家亡之后所画的山水里，就寄托了他的悲愤、抑郁。他的朋友张鹤野题他的山水画说："零碎山川颠倒树，不成图画更伤心。"鹤野又题一幅《渔翁垂钓图》说："可怜大地鱼虾尽，犹有垂竿独钓翁。"这里写出了满人入关后，人民所遭的惨劫。宋朝遗民郑所南画兰草不画兰根及泥土，表示大宋已失去了国土，这幅画和他所写的《心史》出于同一沉痛的心情。

　　山水、花鸟和草木不也是能寄托深刻的政治意识吗？歌德的《浮士德》末尾总结性的两句诗说："一切的消逝者，都是一象征。"屈原拿美人、香草寄托他的爱国热情，不是成了千古的名作吗？所以主要的问题是看你怎样处理这些题材。题材是画家、诗人寄托思想感情的客体形象，在艺术境界里，主要的还是它所寄托和表达出来的思想情感。所以，题材可以取之于世界上的万千形象。没有什么形象是消极的。山水是大物，对于我们思想感情的启发是非常广泛而深厚的。人类所接触的山水环境本是人类加工的结果，是"人化的自然"。喜爱山水就是喜爱人类自己的成就。陶渊明歌颂"良苗亦怀新"，是因为这良苗的怀新有他自己的劳动在里面。他"采菊东篱下，悠然见南山"，是因为南山给予了他劳动时的安慰和精神上的休息。陶渊明正是在自己辛勤的劳动里体会到大自然山水给予他的慈惠和精神的养育。谢灵运的政治野心也在他的泛海诗句"溟涨无端倪，虚舟有超越"里透露了出来，招致统治阶层的疑忌。

中国社会主义的建设，使我国的山河大地改变了容貌，我们更加感到"江山如此多娇"。革命领袖赞美了这新的手创的江山，傅抱石、关山月又把这诗句画了出来，这就是我们新的山水诗画的代表作。我们有《黄河大合唱》，我们有《春到西藏》，还有许许多多赞颂我们新江山的山水画、山水诗。自有人类历史以来，这山水就和人类血肉相连，人类世世代代的情感、思想、希望和劳动都在这山水里刻下了深刻的烙印。中国的山水已具有着中国人民的精神面貌，假使有人从海外归来，脚踏上我们的国土时，就会亲切地感受到中国山水的特殊意味和境界，而这些意味也早已反映在我国千余年来的山水诗画里。这些山水诗画达到极高的艺术成就，并早已为各国艺术界所赞扬和研究。宋元的山水花鸟画在清朝末年不被本国反动统治阶级重视，无价的珍品流落海外的也极多。中华人民共和国成立以后，我国政府的珍贵文化遗产，才彻底地禁止出国，好让我们来继承它和向前推进。我们要描写劳动人民，我们也要歌唱和描绘伟大的中国劳动人民所"人化的自然"。

这有什么不好呢？

问题是我们要拿新的、积极的眼光和情绪欣赏山水，要用新的手法和风格创作出新的山水诗画，赶上和超过我们的优秀遗产。只有我们在自己的辛勤缔造中才会亲切地体会到我们祖宗遗产的优秀和丰富。我们要赶上它，超越它，不是说说就可以做到的。谦虚学习是进步的起点。

中国文化的美丽精神往哪里去?

印度诗哲泰戈尔在国际大学中国学院的小册里,曾说过这几句话:

"世界上还有什么事情比中国文化的美丽精神更值得宝贵的?中国文化使人民喜爱现实世界,爱护备至,却又不致陷于现实得不近情理!他们已本能地找到了事物的旋律的秘密。不是科学权力的秘密,而是表现方法的秘密。这是极其伟大的一种天赋。因为只有上帝知道这种秘密。我实妒忌他们有此天赋,并愿我们的同胞亦能共享此秘密。"

泰戈尔这几句话里,包含着极精深的观察与意见,值得我们细加考察。

先谈"中国人本能地找到了事物的旋律的秘密"。东西古代哲人,都曾仰观俯察探求宇宙的秘密,但希腊及西洋近代哲人倾向于拿逻辑的推理、数学的演绎、物理学的考察去把握宇宙间质力推移的规律,一方面满足我们理知了解的需要,一方面导引西洋人，去控制物力，发明机械，利用厚生。西洋思想最后所获着的是科学权力的秘密。

中国古代哲人却是拿"默而识之"的观照态度，去体验宇宙间生生不已的节奏，泰戈尔所谓旋律的秘密。《论语》上载：

子曰："予欲无言！"子贡曰："子如不言，则小子何述焉？"

子曰："天何言哉。四时行焉，百物生焉，天何言哉！"

四时的运行，生育万物，对我们展示着天地创造性的旋律的秘密。一切在此中生长流动，具有节奏与和谐。古人拿音乐里的五声配合四时五行，拿十二律分配于十二月（《汉书·律历志》），使我们一岁中的生活融化在音乐的节奏中，从容不迫而感到内部有意义、有价值，充实而美，不像现在大都市的居民灵魂里，孤独空虚。英国诗人艾利略有"荒原"的慨叹。

不但孔子，老子也从他高超严冷的眼里观照着世界的旋律。他说："致虚极，守静笃，万物并作，吾以观复！"

活泼的庄子也说他"静而与阴同德，动而与阳同波"，他把他的精神生命体合于自然的旋律。

孟子说他能"上下与天地同流"。荀子歌颂着天地的节奏："列星随旋，日月递炤，四时代御，阴阳大化，风雨博施，万物各得其和以生，各得其养以成。"

我们不必多引了，我们已见到了中国古代哲人是"本能地找到了宇宙旋律的秘密"，而把这获得的至宝，渗透进我们的现实生活，使我们生活里表现礼与乐，创造社会的秩序与和谐。我们又把这旋律装饰到我们的日用器皿上，使形下之器启示着形上之道（即生命的旋律）。中国古代艺术特色表现在他所创造的各种图案花纹里，而中国最光荣的绘画艺术也还是从商周铜器图案、汉代砖瓦花纹里脱胎出来的呢！

"中国人喜爱现实世界，爱护备至，却又不致现实得不近情理"。我们在新石器时代，从我们的日用器皿制出玉器，作为我们政治上、社会上及精神人格上美丽的象征物。我们在铜器时代也把我们的日用器皿，如烹饪的鼎、饮酒的爵等等，制造精美，竭尽当时的艺术技能，它们成了天地境界的象征。我们对最现实的器具，赋予崇高的意义，优美的形式，使它们不仅仅是我们役使的工具，而是可以同我们对语、同我们情思往还的艺术境界。后来我们发展了瓷器（西人称我们是瓷国）。瓷器就是玉的精神的承续与光大，使我们在日常现实生活中能充满着玉的美。

但我们也曾得到过科学权力的秘密。我们有两大发明：火药同指南针。这两项发明到了西洋人手里，成就了他们控制世界的权力，陆上霸权与海上霸权，中国自己倒成了这霸权的牺牲品。我们发明着火药，用来创造奇巧美丽的烟火和鞭炮，使我一般民众在一年劳苦休息的时候，新年及春节里，享受平民式的欢乐。我们发明指南针，并不曾向海上取霸权，却让风水先生勘定我们庙堂、居宅及坟墓的地位和方向，使我们生活中顶重要的"住"，能够选择优美适当的自然环境，"居之安而资之深"。我们到郊外，看那山环水抱的亭台楼阁，如入图画。中国建筑能与自然背景取得最完美的调协，而且用高耸天际的层楼飞檐及环拱柱廊、栏杆台阶的虚实节奏，昭示出这一片山水里潜流的旋律。

漆器也是我们极早的发明，使我们的日用器皿生光辉，有情韵。最近，沈福文君引用古代各时期图案花纹到他设计的漆器里，使我们再能有美丽的器皿点缀我们的生活，这是值得兴奋的事。但是要能有大量的价廉的生产，使一般人民都能在日常生活中时时接触趣味高超、形制优美的物质环境，这才是一个民族的文化水平的尺度。

中国民族很早发现了宇宙旋律及生命节奏的秘密，以和平的音乐的心境爱护现实，美化现实，因而轻视了科学工艺征服自然的权力。这使我们不能解救贫弱的地位，在生存竞争剧烈的时代，受人侵略，受人欺侮，文化的美丽精神也不能长保了，灵魂里粗野了、卑鄙了、怯懦了，我们也现实得不近情理了。我们丧尽了生活里旋律的美（盲动而无秩序）、音乐的境界（人与人之间充满了猜忌、斗争）。一个最尊重乐教、最了解音乐价值的民族没有了音乐。这就是说没有了国魂，没有了构成生命意义、文化意义的高等价值。中国精神应该往哪里去？

近代西洋人把握科学权力的秘密（最近如原子能的秘密），征服了自然，征服了科学落后的民族，但不肯体会人类全体共同生活的旋律美，不肯"参天地，赞化育"，提携全世界的生命，演奏壮丽的交响乐，感谢造化宣示给我们的创化机密，而以厮杀之声暴露人性的丑恶，西洋精神又要往哪里去？哪里去？这都是引起我们惆怅、深思的问题。

中国古代的音乐寓言与音乐思想

寓言，是有所寄托之言。《史记》上说：庄周"著书十余万言，大抵率寓言也"。庄周书里随处都见到用故事、神话来说出他的思想和理解。我这里所说的寓言包括神话、传说、故事。音乐是人类最亲密的东西，人有口有喉，自己会吹奏歌唱，有时可以敲打、弹拨乐器；有身体动作可以舞蹈。音乐这门艺术可以备于人的一身，无待外求。所以在人群生活中发展得最早，在生活里的势力和影响也最大。诗、歌、舞及拟容动作、戏剧表演，极早时就结合在一起。但是对我们最亲密的东西并不就是最被认识和理解的东西，所谓"百姓日用而不知"。所以古代人民对音乐这一现象感到神奇，对它半理解半不理解。尤其是人们在很早就在弦上管上发现音乐规律里的数的比例，那样严整，叫人惊奇。中国人早就把律、度、量、衡结合，从时间性的音律来规定空间性的度量，又从音律来测量气候，把音律和时间中的历结合起来（甚至凭音来测地下的深度，见《管子》）。太史公在《史记》里说："阴阳之施化，万物之终始，既类旅于律吕，又经历于日辰，而变化之情可见矣。"变化之情除数学的测定外，还可以律吕来把握。

希腊哲学家毕达哥拉斯发现琴弦上的长短和音高成数的比例，他见到我们情感体验里最深秘难传的东西——音乐，竟和我们脑筋里把握得最清晰的数学有着奇异的结合，觉得自己是窥见宇宙的秘密了。后来西方科学家就凭数学这把钥匙来启开大自然这把锁，音乐却又是直接地把宇宙的数理秩序诉之于情感世界，音乐的神秘性是加深了，不是减弱了。

音乐在人类生活及意识里这样广泛而深刻的影响，就在古代以及后来产生了许多美丽的音乐神话、故事传说。哲学家也用音乐的寓言来寄寓他的最深难表的思想，像庄子。欧洲古代，尤其是近代浪漫派思想家、文学家爱好音乐，也用音乐故事来表白他们的思想，像德国文人蒂克的小说。

我今天就是想谈谈音乐故事、神话、传说，这里寄寓着古代对音乐的理解和思想。我总合地称它们作音乐寓言。太史公在《史记》上说庄子书中大抵是寓言。庄子用丰富、活泼、生动、微妙的寓言表白他的思想，有一段很重要的音乐寓言，我也要谈到。

先谈谈音乐是什么。《礼记》里《乐记》上说得好："凡音之起，由人心生也。人心之动，物使之然也。感于物而动，故形于声。声相应，故生变，变成方，谓之音。比音而乐之，及干、戚、羽、旄，谓之乐。"

构成音乐的音，不是一般的嘈声、响声，乃是"声相应，故生变，变成方，谓之音"，是由一般声里提出来的。能和"声相应"，能"变成方"，即参加了乐律里的音。所以《乐记》又说："声成文，谓之音。"乐音是清音，不是凡响。由乐音构成乐曲，成功音乐形象。

这种合于律的音和音组织起来，就是"比音而乐之"，它里面含着节奏、和声、旋律。用节奏、和声、旋律构成的音乐形象，和舞蹈、诗歌结合起来，就在绘画、雕塑、文学等造型艺术以外，拿它独特的形式传达生活的意境，各种情感的起伏节奏。一个堕落的阶级，生活颓废，心灵空虚，也就没有了生活的节奏与和谐。他们的所谓音乐就成了嘈声杂响，创造不出旋律来表现有深度、有意义的生命境界。节奏、和声、旋律是音乐的核心，它是形式，也是内容。它是最微妙的创造性的形式，也就启示着最深刻的内容，形式与内容在这里是水乳难分了。音乐这种特殊的表现和它的深厚的感染力使得古代人民不断地探索它的秘密，用神话、传说来寄寓他们对音乐的领悟和理想。我现在先介绍欧洲的两个音乐故事，一个是古代的，一个是近代的。

古代希腊传说着歌者奥尔菲斯的故事：歌者奥尔菲斯，他是首先给予木石以名号的人，他凭借这名号催眠了它们，使它们像着了魔，解脱了自己，追随他走。他走到一块空旷的地方，弹起他的七弦琴来，这空场上竟涌现出一个市场。音乐演奏完了，旋律和节奏却凝住不散，表现在市场建筑里。市民们在这个由音乐凝成的城市里来往漫步，周旋在永恒的韵律之中。歌德谈到这段神话时，曾经指出人们在罗马彼得大教堂里散步也会有这同样的经验，会觉得自己是游泳在石柱林的乐奏的享受中。所以在19世纪初，德国浪漫派文学家口里流传着一句话："建筑是凝冻着的音乐。"说这话的第一个人据说是浪漫主义哲学家谢林，歌德认为这是一个美丽的思想。到了19世纪中叶，音乐理论家和作曲家姆尼兹·豪普德曼把这句话倒转过来，他在他的名著《和声与节拍的本性》里称呼音乐是"流动着的建筑"。这话的意思是说音乐虽是在时间里流逝不停地演奏着，但它的内部却具有极严整的形式、间架和结构，依顺着和声、节奏、旋律的规律，像一座建筑物那样。它里面有着数学的比例。我现在再谈谈近代法国诗人梵乐希写的一本论建筑的书，名叫《优班尼欧斯或论建筑》。这里有一段话，是叙述一位建筑师和他的朋友费得诺斯在郊原散步时的谈话，他对费说："听呵，费得诺斯，这个小庙，离这里几步路，我替赫尔墨斯建造的，假使你知道，它对我的意义是什么？当过路人看见它，不外是一个丰姿绰约的小庙——一件小东西，四根石柱在一单纯的体式中——我在它里面却寄寓着我生命里一个光明日子的回忆，啊，甜蜜可爱的变化呀！这个窈窕的小庙宇，没有人想到，它是一个珂玲斯女郎的数学的造像呀！这个我曾幸福地恋爱着的女郎，这小庙是很忠实地复示着她的身体的特殊的比例，它为我活着。我寄寓于它的，它回赐给我。"费得诺斯说："怪不得它有这般不可思议的窈窕呢！人在它里面真能感觉到一个人格的存在，一个女子的奇花初放，一个可爱的人儿的音乐的和谐。它唤醒一个不能达到边缘的回忆。而这个造型的开始——它的完成是你所占有的——已经足够解放心灵，同时惊撼着它。倘使我放肆我的想象，我就要，你晓得，把它唤作一阕新婚的歌，里面夹着清亮的笛声，我现在已听到它在我内心里升起来了。"

这寓言里面有三个对象：

（一）一个少女的窈窕的躯体——它的美妙的比例，它的微妙的数学构造。

（二）但这躯体的比例却又是流动的，是活人的生动的节奏、韵律；它在人们的想象里展开成为一出新婚的歌曲，里面夹着清脆的笛声，闪灼着愉快的亮光。

（三）这少女的躯体，它的数学的结构，在她的爱人的手里却实现成为一座云石的小建筑，一个希腊的小庙宇。这四根石柱由于微妙的数学关系发出音响的清韵，传出少女的幽姿，它的不可模拟的谐和正表达着少女的体态。艺术家把他的梦寐中的爱人永远凝结在这不朽的建筑里，就像印度的沙贾汗为纪念他的美丽的爱妻泰姬建造了那座闻名世界的泰姬后陵墓。这一建筑在月光下展开一个美不可言的幽境，令人仿佛见到沙贾汗的痴爱和那不可再见的美人永远凝结不散，像一出歌。

从梵乐希那个故事里，我们见到音乐和建筑和生活的三角关系。生活的经历是主体，音乐用旋律、和谐、节奏把它提高、深化、概括，建筑又用比例、匀衡、节奏，把它在空间里形象化。

这音乐和建筑里的形式美不是空洞的，而正是最深入地体现出心灵所把握到的对象的本质，就像科学家用高度抽象的数学方程式探索物质的核心那样。"真"和"美"，"具体"和"抽象"，在这里是出于一个源泉，归结到一个成果。

在中国的古代，孔子是个极爱音乐的人，也是最懂得音乐的人。《论语》上说他在齐闻《韶》，三个月不知肉味。曰："不图为乐之至于斯也！"他极简约而精确地说出一个乐曲的构造。《论语·八佾》篇载：子语鲁太师乐曰："乐，其可知也：始作，翕如也；从之，纯如也，皦如也，绎如也，以成。"起始，众音齐奏。展开后，协调着向前演进，音调纯洁。继之，聚精会神，达到高峰，主题突出，音调响亮。最后，收声落调，余音袅袅，情韵不匮，乐曲在意味隽永里完成。这是多么简约而美妙的描述呀！

但是孔子不只是欣赏音乐的形式的美，他更重视音乐的内容的善。《论语·八佾》篇又记载："子谓《韶》，'尽美矣，又尽善也'。谓《武》，'尽美矣，未尽善也'。"这善不只是表现在古代所谓圣人的德行事功里，也表现在一个初生儿的纯洁的目光里面。西汉刘向的《说苑》里记述一段故事说："孔子至齐郭门之外，遇一婴儿，……其视精，其心正，其行端。孔子谓御曰：'趣驱之，趣驱之，《韶》乐方作。'"他看见这婴儿的眼睛里天真圣洁，神一般的境界，非常感动，叫他的御者快些走近到他那里去，《韶》乐将升起了。他把这婴儿的心灵的美比做他素来最爱敬的《韶》乐，认为这是《韶》乐所启示的内容。由于音乐能启示这深厚的内容，孔子重视他的教育意义，他不要放郑声，因郑声淫，是太过，太刺激，不够朴质。他是主张文质彬彬的，主张绘事后素，礼同乐是要基于内容的美的。所以《子罕》篇记载他晚年说："吾自卫反鲁，然后乐正，《雅》《颂》各得其所。"他的正乐，大概就是将三百篇的诗整理得能上管弦，而且合于《韶》《武》《雅》《颂》之音。

孔子这样重视音乐，了解音乐，他自己的生活也音乐化了。这就是生活里把"条理"规律与"活泼的生命情趣"结合起来，就像音乐把音乐形式同情感内容结合起来那样。所以孟子赞扬孔子说："孔子，圣之时者也。孔子之谓集大成，集大成也者，金声而玉振之也。金声也者，始条理也，玉振之也者，终条理也。始条理者，智之事也。终条理者，圣之事也。智，譬则巧也；圣，譬则力也。由射于百步之外也，其至尔力也。其中，非尔力也。"

力与智结合，才有"中"的可能。艺术的创造也是这样。艺术创作的完成，所谓"中"，不是简单的事。"其中，非尔力也。"光有力还不能保证它的必"中"呢！

从我上面所讲的故事和寓言里，我们看见音乐可能表达的三方面。（一）是形象的和抒情的：一个爱人的躯体的美可以由一个建筑物的数字形象传达出来，而这形象又好像是一曲新婚的歌。（二）是婴儿的一双眼睛令人感到心灵的天真圣洁，竟会引起孔子认为《韶》乐将作。（三）是孔子的丰富的人格是形式与内容的统一，始条理和终条理，像一金声而玉振的交响乐。

《乐记》上说："歌者直己而陈德也。动己而天地应焉，四时和焉，星辰理焉，万物育焉。"中国古代人这样尊重歌者，不是和希腊神话里赞颂奥尔菲斯一样吗？但也可以从这里面看出它们的差别来。希腊半岛上城邦人民的意识更着重在城市生活里的秩序和组织，中国的广大平原的农业社会却以天地四时为主要环境，人们的生产劳动是和天地四时的节奏相适应。古人曾说，"同动谓之静"，这就是说，流动中有秩序，音乐里有建筑，动中有静。

希腊从梭罗到柏拉图都曾替城邦立法，着重在齐同划一，中国哲学家却认为"乐者天地之和，礼者天地之序""大乐与天地同和，大礼与天地同节"（《乐记》），更倾向着"和而不同"，气象宏廓，这就是更倾向"乐"的和谐与节奏。因而中国古代的音乐思想，从孔子的论乐、荀子的《乐论》到《礼记》里的《乐记》——《乐记》里什么是公孙尼子的原来的著作，尚待我们研究，但其中却包含着中国古代极为重要的宇宙观念、政教思想和艺术见解。就像我们研究西洋哲学必须理解数学、几何学那样，研究中国古代哲学也要理解中国音乐思想。数学与音乐是中西古代哲学思维里的灵魂呀！（两汉哲学里的音乐思想和嵇康的《声无哀乐论》都极重要。）数理的智慧与音乐的智慧构成哲学智慧。中国在哲学发展里曾经丧失了数学智慧与音乐智慧的结合，堕入庸俗。西方在毕达哥拉斯以后割裂了数学智慧与音乐智慧。数学孕育了自然科学，音乐独立发展为近代交响乐与歌剧，资产阶级的文化显得支离破碎。社会主义将为中国创造数学智慧与音乐智慧的新综合，替人类建立幸福的、丰饶的生活和真正的文化。

　　我们在《乐记》里见到音乐思想与数学思想的密切结合。《乐记》上《乐象》篇里赞美音乐，说它"清明象天，广大象地，终始象四时，周还象风雨，五色成文而不乱，八风从律而不奸，百度得数而有常。小大相成，终始相生，倡和清浊，迭相为经，故乐行而伦清，耳目聪明，血气和平，移风易俗，天下皆宁"。在这段话里见到音乐能够表象宇宙，内具规律的度数，对人类的精神和社会生活有良好的影响，可以满足人们在哲学探讨里追求真、善、美的要求。音乐和度数和道德在源头上是结合着的。《乐记·师乙》篇上说："夫歌者直己而陈德也。动己而天地应焉，四时和焉，星辰理焉，万物育焉。"

德的范围很广，文治、武功、人的品德都是音乐所能陈述的德。所以《尚书·舜典》篇上说："帝曰：夔，命汝典乐，教胄子。直而温，宽而栗，刚而无虐，简而无傲。诗言志，歌永言，声依永，律和声，八音克谐，无相夺伦，神人以和。夔曰：於！予击石拊石，百兽率舞。"

关于音乐表现德的形象，《乐记》上记载有关于大《武》的乐舞的一段，很详细，可以令人想见古代乐舞的"容"，这是表象周武王的武功，里面种种动作，含有戏剧的意味。同戏不同的地方就是乐人演奏时的衣服和舞时动作是一律相同的。这一段的内容是："且夫《武》，始而北出，再成而灭商，三成而南，四成而南国是疆，五成而分，周公左，召公右；六成复缀，以崇天子。夹振之而驷伐，盛威于中国也；分夹而进，事蚤济也；久立于缀，以待诸侯之至也。"郑康成注曰："成，犹奏也，每奏《武》曲，一终为一成。始奏，象观兵盟津时也。再奏，象克殷时也。三奏，象克殷有余力而反也。四奏，象南方荆蛮之国侵畔者服也。五奏，象周公召公分职而治也。六奏，象兵还振旅也。复缀，反位止也。崇，充也。凡六奏以充《武》乐也。……夹振之者，王与大将；夹舞者，振铎以为节也。驷，当为四，声之误也。《武》舞，战象也。每奏四伐，一击一刺为一伐。《牧誓》曰：'今日之事，不过四伐五伐'。……分，犹部曲也。事，犹为也。济，成也。舞者各有部曲之列，又夹振之者，象用兵务于早成也。"（见《乐记·宾牟贾》篇）

我们在这里见到舞蹈、戏剧、诗歌和音乐的原始的结合。所以《乐象》篇又说："德者，性之端也。乐者，德之华也。

金石丝竹，乐之器也。诗，言其志也。歌，咏其声也。舞，动其容也。三者本于心，然后乐器从之。是故情深而文明，气盛而化神，和顺积中而英华发外，唯乐不可以为伪。"

古代哲学家认识到乐的境界是极为丰富而又高尚的，它是文化的集中和提高的表现。"情深而文明，气盛而化神，和顺积中而英华发外。"这是多么精神饱满、生活力旺盛的民族表现。"乐"的表现人生是"不可以为伪"，就像数学能够表示自然规律里的真那样，音乐表现生活里的真。

我们读到东汉傅毅所写的《舞赋》，它里面有一段细致生动的描绘，不但替我们记录了汉代歌舞的实况，还表出这舞蹈的多彩而精妙的艺术性。而最难得的，是他描绘舞蹈里领舞女子的精神高超，意象旷远，就像希腊艺术家塑造的人像往往表现不凡的神境，高贵纯朴，静穆庄丽，但傅毅所塑造的形象却更能艳若春花，清如白鹤，令人感到华美而飘逸。这是在我以上的引述的几种音乐形象之外，另具一格的。我们在这些艺术形象里见到艺术净化人生，提高精神境界的作用。

王世襄同志曾把《舞赋》里这一段描绘译成语体文，刊载音乐出版社《民族音乐研究论文集》第一集。傅毅的原文收在《昭明文选》里，可以参看。我现在把译文的一段介绍于下，便于读者欣赏：

当舞台之上，可以蹹踏出音节来的鼓已经摆放好了，舞者的心情非常安闲舒适。她将神志寄托在遥远的地方，没有任何的挂碍和拘束（原文：舒意自广，游心无垠，远思长想……）。舞蹈刚开始的时候，舞者忽而俯身向下，忽而仰面向上，忽而跳过来，忽而跳过去，仪态是那么样的雍容惆怅，简直难以用具体的形象来形容（原文：其始兴也，若俯若仰，若来若往，雍容惆怅，不可为象）。再舞了一会儿，她的舞姿又像要飞起来，又像在行走，又猛然耸立着身子，又忽地要倾斜下来。她不假思索的每一个动作，以至手的一指，眼睛的一瞥，都应着音乐的节拍（原文：其少进也，若翔若行，若竦若倾，兀动赴度，指顾应声）。

轻柔的罗衣随着风飘扬，长长的袖子，不时左右的交横，飞舞挥动，络绎不停，婉转袅绕，也合乎曲调的快慢（原文：罗衣从风，长袖交横，骆驿飞散，飒擖合并）。她的轻而稳的姿势，好像栖歇的燕子，而飞跃时的疾速，又像惊了的鹄鸟，体态美好而柔婉，迅捷而轻盈，姿态真是美妙到了极点，同时也显示了胸怀的纯洁。舞者的外貌能够表达内心——神志正远在杳冥之处游行（原文：鹔鹏燕居，拉揩鹄惊。绰约闲靡，机迅体轻，资绝伦之妙态，怀悫素之洁清，修仪操以显志兮，独驰思乎杳冥）。当她想到高山的时候，便真峨峨然有高山之势；想到流水的时候，便真洋洋然有流水之情（原文：在山峨峨，在水汤汤）。她的容貌随着内心的变化而改易，所以没有任何一点表情是没有意义而多余的（原文：与志迁化，容不虚生）。乐曲中间有歌词，舞者也能将它充分表达出来，没有使得感叹激昂的情致受到减损。那时她的气概真像浮云般的高逸，她的内心像秋霜般的皎洁。像这样美妙的舞蹈，使观众都称赞不止，乐师们也自叹勿如（原文：明诗表指（同旨），嘖（同唱）息激昂。气若浮云，志若秋霜，观者增叹，诸工莫当）。

单人舞毕，接着是数人的鼓舞，她们挨着次序，登鼓跳起舞来。她们的容貌服饰和舞蹈技巧，一个赛过一个，意想不到的美妙舞姿也层出不穷。她们望着般鼓则流盼着明媚的眼睛，歌唱时又露出洁白的牙齿，行列和步伐，非常齐整。往来的动作，也都有所象征的内容。忽而回翔，忽而高耸，真仿佛是一群神仙跳舞。拍着节奏的策板敲个不住，她们的脚趾踏在鼓上，也轻疾而不稍停顿。正在跳得来往悠悠然的时候，倏忽之间，舞蹈突然中止。等到她们回身再来开始跳的时候，音乐换成了急促的节拍。舞者在鼓上做出翻腾跪跌种种姿态，灵活委婉的腰肢，能远远地探出，深深地弯下。轻纱做成的衣裳，像蛾子在那里飞扬。跳起来，有如一群鸟，飞聚在一起；慢起来，又非常舒缓，婉转地流动，像云彩在那里飘荡。她们的体态如游龙，袖子像白色的云霓。当舞蹈渐终，乐曲也将要完的时候，她们慢慢地收敛舞容而拜谢，一个个欠着身子，含着笑容，退回到她们原来的行列中去。观众们都说真好看，没有一个不是兴高采烈的。（原文不全引了。）

在傅毅这篇《舞赋》里见到汉代的歌舞达到这样美妙而高超的境界。领舞女子的"资绝伦之妙态，怀悫素之洁清，修仪操以显志，独驰思乎杳冥"。她的"舒意自广，游心无垠，远思长想""在山峨峨，在水汤汤""与志迁化，容不虚生""明诗表旨，嗋息激昂，气若浮云，志若秋霜"。中国古代舞女塑造了这一形象，由傅毅替我们传达下来，它的高超美妙，比起希腊人塑造的女神像来，具有她们的高贵，却比她们更活泼，更华美，更有远神。

欧阳修曾说："闲和严静，趣远之心难形。"晋人就曾主张艺术意境里要有"远神"。陶渊明说："心远地自偏。"
这类高逸的境界，我们已在东汉的舞女的身上和她的舞姿里见
到。庄子的理想人物：藐姑射神人，绰约若处子，肌肤若冰
雪，也体现在元朝倪云林的山水竹石里面。这舞女的神思意态
也和魏晋人钟王的书法息息相通。王献之《洛神赋》书法的美
不也是"翩若惊鸿，婉若游龙""神光离合，乍阴乍阳""皎
若太阳升朝霞，灼若芙蕖出渌波"吗？（所引皆《洛神赋》中
句）我们在这里不但是见到中国哲学思想、绘画及书法思想和
这舞蹈境界密切关联，也可以令人体会到中国古代的美的理想
和由这理想所塑造的形象。这是我们的优良传统，就像希腊的
神像雕塑永远是欧洲艺术不可企及的范本那样。

　　关于哲学和音乐的关系，除掉孔子的谈乐，荀子的《乐
论》，《礼记》里《乐记》，《吕氏春秋》《淮南子》里论乐
诸篇，嵇康的《声无哀乐论》（这文可和德国19世纪汉斯里克
的《论音乐的美》做比较研究），还有庄子主张："视乎冥
冥，听乎无声，冥冥之中，独见晓焉，无声之中，独闻和焉，
故深之又深，而能物焉。"（《天地》）这是领悟宇宙里"无
声之乐"，也就是宇宙里最深微的结构形式。在庄子，这最深
微的结构和规律也就是他所说的"道"，是动的，变化着的，
像音乐那样，"止之于有穷，流之于无止"，这道和音乐的境
界是"混逐丛生，林乐而无形，布挥而不曳，幽昏而无声，动
于无方，居于窈冥……行流散徙，不主常声。……充满天地，
苞裹六极"（《天运》），这道是一个五音繁会的交响乐。
"混逐丛生"，就是在群声齐奏里随着乐曲的发展，涌现繁复
的和声。庄子这段文字使我们在古代"大音希声"，淡而无味

的，使魏文侯听了昏昏欲睡的古乐而外，还知道有这浪漫精神的音乐。这音乐，代表着南方的洞庭之野的楚文化，和楚铜器漆器花纹声气相通，和商周文化有对立的形势，所以也和古乐不同。

庄子在《天运》篇里所描述的这一出"黄帝张于洞庭之野的咸池之乐"，却是和孔子所爱的北方的大舜的《韶》乐有所不同。《书经·舜典》上所赞美的乐是"声依永，律和声，八音克谐，无相夺伦，神人以和"的古乐，听了叫人"心气和平""清明在躬"，而咸池之乐，依照庄子所描写和他所赞叹的，却是叫人"惧""怠""惑""愚"，以达到他所说的"道"。这是和《乐记》里所谈的儒家的音乐理想却正相反，而叫我们联想到19世纪德国乐剧大师华格耐尔晚年精心的创作《巴希法尔》。这出浪漫主义的乐剧是描写阿姆伏塔斯通过"纯愚"巴希法尔才能从苦痛的罪孽的生活里解救出来。浪漫主义是和"惧""怠""惑""愚"有密切的姻缘。所以我觉得《庄子·天运》篇里这段对咸池之乐的描写是极其重要的，它是我们古代浪漫主义思想的代表作，可以和《书经·舜典》里那一段影响深远的音乐思想做比较观，尽管《书经》里这段话不像是尧舜时代的东西，《庄子》里这篇咸池之乐也不能上推到黄帝，两者都是战国时代的思想，但从这两派对立的音乐思想——古典主义的和浪漫主义的——可以见到那时音乐思想的丰富多彩，造诣精微，今天还有钻研的价值。由于它的重要，我现在把《庄子·天运》篇里这段引在下面：

北门成问于黄帝曰："帝张《咸池》之乐于洞庭之野，吾始闻之惧，复闻之怠，卒闻之而惑，荡荡默默，乃不自得。"

黄帝曰："汝殆其然哉！吾奏之以人，徵之以天，行之以礼义，建之以太清。四时迭起，万物循生，一盛一衰，文武伦经；一清一浊，阴阳调和，流光其声，蛰虫始作，吾惊之以雷霆。其卒无尾，其始无首，一死一生，一偾一起，所常无穷，而一不可待。汝故惧也。吾又奏之以阴阳之和，烛之以日月之明，其声能短能长，能柔能刚，变化齐一，不主故常；在谷满谷，在阬满阬。涂郤守神（意谓涂塞心知之孔隙，守凝一之精神），以物为量；其声挥绰，其名高明。是故，鬼神守其幽，日月星辰行其纪；吾止之于有穷，流之于无止（意谓流与止一顺其自然也）。子欲虑之而不能知也，望之而不能见也，逐之而不能及也。傥然立于四虚之道，倚于槁梧而吟：'目之穷乎所欲见，力屈乎所欲逐，吾既不及已夫（按：这正是华格耐尔音乐里"无止境旋律"的境界，浪漫精神的体现）！'形充空虚，乃至委蛇。汝委蛇，故怠（你随着它委蛇而委蛇，不自主动，故怠）。吾又奏之以无怠之声，调之以自然之命。故若混逐丛生（按：此言重振主体能动性，以便和自然的客观规律相浑合），林乐而无形，布挥而不曳（此言挥霍不已，似曳而未尝曳），幽昏而无声；动于无方，居于窈冥，或谓之死，或谓之生，或谓之实，或谓之荣，行流散徙，不主常声。世疑之，稽于圣人。圣也者，达于情而遂于命者也。天机不张，而五官皆备。此之谓天乐，无言而心悦。故有焱氏为之颂曰：'听之不闻其声，视之不见其形，充满天地，苞裹六极。'汝欲听之，而无接焉，故惑也（此言主客合一，心无分别，有如暗惑）。乐也者，始于惧；惧，故祟（此言乐未大和，听之悚

惧，有如祸祟）；吾又次之以怠，怠，故遁（此言遁于忘我之
境，泯灭内外）；卒之于惑，惑，故愚。愚，故道（内外双
忘，有如愚迷，符合老庄所说的道。大智若愚也）。道，可载
而与之俱也（人同音乐偕入于道）。"

　　老、庄谈道，意境不同，老子主张"致虚极，守静笃，
万物并作，吾以观其复"。他在狭小的空间里静观物的"归
根""复命"。他在三十辐所共的一个毂的小空间里，在一个
抟土所成的陶器的小空间里，在"凿户牖以为室"的小空间
的天门的开阖里观察到"道"。道就是在这小空间里的出入往
复，归根复命。所以他主张守其黑，知其白，不出户，知天
下。他认为"五色令人目盲，五音令人耳聋"，他对音乐不感
兴趣。庄子却爱逍遥游。他要游子于穷，寓于无境。他的意境
是广漠无边的大空间。在这大空间里作逍遥游是空间和时间的
合一，而能够传达这个境界的正是他所描写的，在洞庭之野所
展开的咸池之乐。所以庄子爱好音乐，并且是弥漫着浪漫精神
的音乐，这是战国时代楚文化的优秀传统，也是以后中国音乐
文化里高度艺术性的源泉。探讨这一条线的脉络，还是我们的
音乐史工作者的课题。
　　以上我们讲述了中国古代寓言和思想里可以见到的音乐形
象，现在谈谈音乐创作过程和音乐的感受。《乐府古题要解》
里解说琴曲《水仙操》的创作经过说："伯牙学琴于成连，三
年而成。至于精神寂寞，情之专一，未能得也。成连曰：'吾
之学不能移人之情，吾之师有方子春在东海中。'乃赍粮从
之，至蓬莱山，留伯牙曰：'吾将迎吾师！'划船而去，旬日

不返。伯牙心悲，延颈四望，但闻海水汩没，山林杳冥，群鸟悲号，仰天叹曰：'先生将移我情！'乃援操而作歌云：'繄洞庭兮流斯护，舟楫逝兮仙不还。移形素兮蓬莱山，歊钦伤宫仙不还。'伯牙遂为天下妙手。"

"移情"就是移易情感，改造精神，在整个人格的改造基础上才能完成艺术的造就，全凭技巧的学习还是不成的。这是一个深刻的见解。

至于艺术的感受，我们试读下面这首诗。唐诗人郎士元《听邻家吹笙》诗云："凤吹声如隔彩霞，不知墙外是谁家。重门深锁无寻处，疑有碧桃千树花。"这是听乐时引起人心里美丽的意象："碧桃千树花"。但是这是一般人对音乐感受的习惯，各人感受不同，主观里涌现出的意象也就可能两样。"知音"的人要深入地把握音乐结构和旋律里所潜伏的意义。主观虚构的意象往往是肤浅的。"志在高山，志在流水"时，作曲家不是模拟流水的声响和高山的形状，而是创造旋律来表达高山流水唤起的情操和深刻的思想。因此，我们在感受音乐艺术中也会使我们的情感移易，受到改造，受到净化、深化和提高。唐诗人常建的《江上琴兴》一诗写出了这净化、深化的作用。

江上调玉琴，一弦清一心。泠泠七弦遍，万木澄幽阴。能使江月白，又令江水深。始知梧桐枝，可以徽黄金。

琴声使江月加白，江水加深。不是江月的白，江水的深，而是听者意识体验的深和纯净。明人石沆《夜听琵琶》诗云：

娉娉少妇未关愁，清夜琵琶上小楼。

裂帛一声江月白，碧云飞起四山秋！

　　音响的高亮，令人神思飞动，如碧云四起，感到壮美。这些都是从听乐里得到的感受。它使我们对于事物的感觉增加了深度，增加了纯净。就像我们在科学研究里通过高度的抽象思维，离开了自然的表面，反而深入自然的核心，把握到自然现象最内在的数学规律和运动规律那样，音乐领导我们去把握世界生命万千形象里最深的节奏的起伏。庄子说："无音之中，独闻和焉。"所以我们在戏曲里运用音乐的伴奏才更深入地刻画出剧情和动作。希腊的悲剧原来诞生于音乐呀！

　　音乐使我们心中幻现出自然的形象，因而丰富了音乐感受的内容。画家、诗人却由于在自然现象里意识到音乐境界而使自然形象增加了深度。六朝画家宗炳爱游山水，归来后把所见名山画在壁上，"坐卧向之。谓人曰：抚琴动操，欲令众山皆响。"唐初诗人沈佺期有《范山人画山水歌》云：

　　山峥嵘，水泓澄，漫漫汗汗一笔耕，一草一木栖神明。忽如空中有物，物中有声，复如远道望乡客，梦绕山川身不行。

　　身不行而能梦绕山川，是由于"空中有物，物中有声"，而这又是由于"一草一木栖神明"，才启示了音乐境界。

　　这些都是中国古代的音乐思想和音乐意象。

介绍两本关于中国画学的书并论中国的绘画

　　美学的研究，虽然应当以整个的美的世界为对象，包含着宇宙美、人生美与艺术美，但向来的美学总倾向以艺术美为出发点，甚至以为是唯一研究的对象。因为艺术的创造是人类有意识地实现他的美的理想，我们也就从艺术中认识各时代、各民族心目中之所谓美。所以西洋的美学理论始终与西洋的艺术相表里，他们的美学以他们的艺术为基础。希腊时代的艺术给予西洋美学以"形式""和谐""自然模仿""复杂中之统一"等主要方面，至今不衰。文艺复兴以来，近代艺术则给予西洋美学以"生命表现"和"情感流露"等问题，而中国艺术的中心——绘画——则给予中国画学以"气韵生动""笔墨""虚实""阴阳明暗"等问题。将来的世界美学自当不拘于一时一地的艺术表现，而综合全世界古今的艺术理想，融会贯通，求美学上最普遍的原理而不轻忽各个性的特殊风格。因为美与美术的源泉是人类最深心灵与他的环境世界接触相感时的波动。各个美术有它特殊的宇宙观与人生情绪为最深基础。中国的艺术与美学理论也自有它伟大独立的精神意义。所以中国的画学对将来的世界美学自有它特殊重要的贡献。

中国画中所表现的中国心灵究竟是怎样？它与西洋精神的差别何在？古代希腊人心灵所反映的世界是一个Cosmos（宇宙）。这就是一个圆满的、完成的、和谐的、秩序井然的宇宙。这宇宙是有限而宁静。人体是这大宇宙中的小宇宙。他的和谐、他的秩序，是这宇宙精神的反映。所以希腊大艺术家雕刻人体石像以为神的象征。他的哲学以"和谐"为美的原理。文艺复兴以来，近代人生则视宇宙为无限的空间与无限的活动。人生是向着这无尽的世界作无尽的努力。所以他们的艺术如"哥特式"的教堂高耸入太空，意向无尽。大画家伦勃朗所写画像皆是每一个心灵活跃的面貌，背负着苍茫无底的空间。歌德的《浮士德》是永不停息的前进追求。近代西洋文明心灵的符号可以说是"向着无尽的宇宙作无止境的奋勉"。

中国绘画里所表现的最深心灵究竟是什么？答曰，它既不是以世界为有限的圆满的现实而崇拜模仿，也不是向一无尽的世界作无尽的追求，烦闷苦恼，彷徨不安。它所表现的精神是一种"深沉静默地与这无限的自然、无限的太空浑然融化，体合为一"。它所启示的境界是静的，因为顺着自然法则运行的宇宙是虽动而静的，与自然精神合一的人生也是虽动而静的。它所描写的对象，山川、人物、花鸟、虫鱼，都充满着生命的动——气韵生动，但因为自然是顺法则的（老、庄所谓"道"），画家是默契自然的，所以画幅中潜存着一层深深的静寂。就是尺幅里的花鸟、虫鱼，也都像是沉落遗忘于宇宙悠渺的太空中，意境旷邈幽深。至于山水画如倪云林的一丘一壑，简之又简，譬如为道，损之又损，所得着的是一片空明中金刚不灭的精粹。它表现着无限的寂静，也同时表示着是自然最深、最后的结构，有如柏拉图的观念，纵然天地毁灭，此山此水的观念是毁灭不动的。

中国人感到这宇宙的深处是无形无色的虚空，而这虚空却是万物的源泉，万动的根本，生生不已的创造力。老、庄名之为"道"、为"自然"、为"虚无"，儒家名之为"天"。万象皆从空虚中来，向空虚中去。所以纸上的空白是中国画真正的画底。西洋油画先用颜色全部涂抹画底，然后在上面依据远近法或名透视法幻现出目睹手可捉摸的真景。它的境界是世界中有限的具体的一域。中国画则在一片空白上随意布放几个人物，不知是人物在空间，还是空间因人物而显。人与空间，融成一片，俱是无尽的气韵生动。我们觉得在这无边的世界里，只有这几个人，并不嫌其少，而这几个人在这空白的环境里，并不觉得没有世界。因为中国画底的空白在画的整个的意境上并不是真空，乃正是宇宙灵气往来，生命流动之处。笪重光说："虚实相生，无画处皆成妙境。"这无画处的空白正是老、庄宇宙观中的"虚无"。它是万象的源泉、万动的根本。中国山水画是最客观的，超脱了小己主观地位的远近法以写大自然千里山川。或是登高远眺云山的烟景、无垠的太空、浑茫的大气，整个的无边宇宙是这一片云山的背景。中国画家不是以一区域具体的自然景物为"模特儿"，对坐而描摹之，使画境与观者、作者相对立。中国画的山水往往是一片荒寒，恍如原始的天地，不见人迹，没有作者，亦没有观者，纯然一块自然本体、自然生命。所以虽然也有阴阳明暗，远近大小，但却不是站立在一固定的观点所看见的plastic（造型的）形色阴影如西洋油画。西画、中画观照宇宙的立场与出发点根本不同。一是具体可捉摸的空间，由线条与光线表现（西洋油色的光彩使画境空灵生动。中国颜色单纯而无光，不及油画，乃另求方法，于是以水墨渲染为重）。二是浑茫的太空、无边的宇宙，此中景物有明暗而无阴影。有人欲融合中、西画法于一张画面，结果无不失败，因为没有注意这宇宙立场的不同。清代的郎世宁、现代的陶冷月就是个例子（西洋印象派乃是写个人主观立场的印象，表现派是主观幻想情感的表现，而中画是客观的自然生命，不能混为一谈）。中国画不是没有作家个性的表现，他的心灵特性是早已全部化在笔墨里面。有时抑或寄托于一两个人物，浑然坐忘于山水之间，如树、如石、如水、如云，是大自然的一体。

所以中国宋元山水画是最写实的作品，而同时是最空灵的精神表现，心灵与自然完全合一。花鸟画所表现的亦复如是。勃莱克的诗句，"一沙一世界，一花一天国"，真可以用来咏赞一幅精妙的宋人花鸟。一天的春色寄托在数点桃花，二三只水鸟启示着自然的无限生机。中国人不是像浮士德"追求"着"无限"，乃是在一丘一壑、一花一鸟中发现了无限，表现了无限，所以他的态度是悠然意远而又怡然自足的。他是超脱的，但又不是出世的。他的画是讲求空灵的，但又是极写实的。他以气韵生动为理想，但又要充满着静气。一言蔽之，他是最超越自然而又最切近自然，是世界最心灵化的艺术（德国艺术学者O. Fischer的批评），而同时是自然的本身。表现这种微妙艺术的工具是那最抽象、最灵活的笔与墨。笔墨的运用，神妙无穷，也是千余年来各个画家的秘密，无数画学理论所发挥的。我们在此地不及详细讨论了。

中国有数千年绘画艺术光荣的历史，同时也有自公元第5世纪以来精深的画学。谢赫的《六法论》综合前人的理论，奠定后来的基础。以后画家、鉴赏家论画的著作浩如烟海，其中的精思妙论不仅是将来世界美学极重要的材料，也是了解中国文化心灵最重要的源泉（现代徐悲鸿画家写有《废话》一书，发挥中国艺术的真谛，颇有为前人所未知的，尚未付刊），但可惜段金碎玉散于各书，没有系统的整理。今幸有郑午昌先生著《中国画学全史》，20余万字，综述中国绘画与画学的历史。黄懃园先生则将画法理论"分别部居，以类相比，勒为一书，俾天下学者治一书而诸书之粹义灿然在目"。两书帮助研究中国画理、画法很有意义。现在简单介绍于后，希望读者进一步看他们的原书。

郑午昌先生以5年的时间和精力来编纂《中国画学全史》，划分为四大时期，即：（一）实用时期；（二）礼教时期；（三）宗教化时期；（四）文学化时期。除周秦以前因绘画幼稚，资料不足，无法叙述外，自汉迄清划代为章，每章分四节：（一）概况，概论一代绘画的源流、派别及其盛衰的状况；（二）画迹，举各家名迹之已为鉴赏家所记录或曾经著者目睹而确有价值者集录之；（三）画家，叙一时代绘画宗匠之姓名、爵里、生卒年月；（四）画论，博采画家、鉴赏家论画的学说。其后又有附录四：（一）历代关于画学之著述；（二）历代各地画家百分比例表；（三）历代各种绘画盛衰比例表；（四）近代画家传略。

此书合画史、画论于一炉，叙述详明，条理周密，文笔畅达，理论与事实并重，诚是一本空前的著作。读者若细心阅过，必能对世界文化史上这一件大事——中国的绘画（与希腊的雕刻和德国的音乐鼎足而三的）——有相当的了解与认识。

历史的综合的叙述固然重要，但若有人从这些过分丰富的材料中系统地提选出各问题，将先贤的画法理论分门别类，罗列摘录，使读者对中国绘画中各主要问题一目了然，而在每个问题的门类中合观许多论家各方面的意见，则不仅便利研究者，且为将来中国美学原理系统化之初步。

黄憩园先生的《山水画法类丛》就是这样的一本书。他因为"古人论画之书，多详于画评、画史，而略于画法，本书则专谈画法，而不及画评、画史。根据各家学说，断以个人意见"。他这本书分上下篇，每篇分若干类，每类分若干段。每段各有题，以便读者检阅。上篇的内容列为五类：（一）局势——又分天地位置、远近大小、宾主、虚实等问题十四段；（二）笔墨——分名称、用笔轻重、繁简、用墨浓淡等问题二十四段；（三）景象——分明暗、阴暗、阴影、倒影等五段；（四）杂论——包含画品、画理、六法、十二忌、师古人与师自然、作画之修养、南北宗、西法之参用等问题共有二十九段。下篇则分画山、画石、皴染、画树、画云、画人等若干类。全书系统化的分类，惜乎著者没有说明其原理与标准，所以当然还有许多可以商榷改变的地方，但是著者用这分类的方法概述千余年来的画法理论，实在是便于学国画及研究画理者。尤其是每一门中罗列各家相反不同的意见，使研究者不致偏向一方，而真理往往是由辩证的方式阐明的。